公式視角宇宙
揭示了可見宇宙的世界觀。

標題 | 透視宇宙
作者 | 奧托· 埃瓦爾德· 舒爾茨 Otto Ewald Heinrich Helmi Schulz
國際標準書號 | ISBN:978-39-89230-491
網址：www.perspektive-universum.com

原始語言 德語

該書已由谷歌翻譯成其他語言，因此某些解釋可能與德語原文的解釋方式略有不同。

作者對此不作任何保證。

公式視角宇宙
揭示了可見宇宙的世界觀。

Tabla de contenido

傳記幾乎完整地記錄了我的生活方式。

重新挑戰世界觀。

作者
奧托·埃瓦爾德
海因里希·赫爾米·舒爾茨
1954年6月5日出生於呂州
電機工程基礎知識
然後我遇到了很多人
科學自給自足且具有較高的
量子和原子物理學的動機,
熱力學、材料科學、宇宙學、
混沌理論、時間管理、氣候技術
哲學、建築、行銷、文學、
工商管理和生物學。
只有在這種混亂的混合體中,
它才會發生我書中的訣竅。
整體概念 宇宙那麼多科學
彼此之間只有透過
令人難以置信的思考量
這樣的事情是可能的
結果即將到來。

傳記幾乎完整地記錄了我的生活方式。

1954 年 6 月 5 日，我出生在 Dannenberg 區 Lüchow 附近的一個小農村地區。6 歲時，我的父母搬到了比勒費爾德，我在那裡長大。

很久以後我才意識到我天生就很好奇，因為我在 7、8 歲時就已經在家裡擺弄危險的電力了。 這裡沒有差動斷路器，如果發生意外的強烈電擊，可以挽救您的生命。 但直到後來我才知道。 但我可能非常小心，否則我今天不可能寫出這本書。所以在不知不覺中，電是一個非常有趣的話題。 中學畢業後，我立即開始了電氣工程師的學徒生涯，與收音機和電視的主題有很大關係。 我想說的是，我用很少的錢從伯特利的廢品收集站買了這些，然後在比勒費爾德的跳蚤市場修理它們，並按正常狀態出售。 這是一筆很划算的交易，因為家裡沒有零用錢。 所以我能夠資助一些事情。 我的廣泛培訓持續了 3.5 年，期間我還透過公司接觸到了其他領域，例如當時早已過時的 IBM 空調技術，以及對威悉河核電站的深入了解。我還非常熟悉隔音和冷熱隔離技術。 學徒期結束後，我想要更多，並開始在電梯公司 Flohr-Otis 擔任電梯系統技術員。這非常有趣，把我推向了極限，這仍然是模擬電氣技術，而不是像今天，你只需要更換幾個晶片模組，然後一切就可以恢復正常了。 今天計算機科學家正在這樣做。

1974 年，我加入基爾的德國海軍，擔任水面武器電子技術員。我在那裡發現的東西可以與阿波羅系列登月相提並論。 我的工作是控制各個運算中心和艦橋上的操作中心，以便透過這個 WDE 系統傳遞火箭和砲塔火控的精確協調任務。

在海軍服役後，我對宇宙產生了興趣，我很幸運能夠在海上與一位軍官討論星星。因為我對他的作品感到好奇。他總是在晚上擺弄六分儀，這就是我們談論星星的方式。直到今天，這一直困擾著我，我盡可能地吞噬這些資訊。當我在 20 世紀 70 年代末發現黑洞的存在時，我內心沸騰了。但在弗洛爾-奧蒂斯海軍服役之後，生活的嚴肅性再次牢牢地抓住了我。由於當前的石油危機，我被調到科隆，我根本不喜歡那樣，所以我搬到了一家液壓和起重設備公司。這是我打造未來的地方，因為否則你將無法取得任何成就，也無法取得任何進步。收入太多，讓人死不了，又太少，讓人活不下去。1977 年，我與第一任妻子組成了家庭，育有 3 個孩子。此前，我成為個體經營者，銷售冰淇淋並對其他各種商品進行行銷。1985 年，我將業務擴展到裝修和房地產買賣。為了更好地掌握複雜的房地產業務，我在基爾的 WAK 參加了為期 2 年的函授課程。因為時間對我來說是寶貴的商品。
當我的三個孩子幾乎不再在學校上課時，因為來自東德的難民佔據了所有房間（1987-1988）。我決定相對較快地移民。因為那與 2023 年 9 月的今天面臨同樣的困境。我們搬到了太陽海岸的馬拉加米哈斯，我的孩子們去了國外的一所德國學校。所以很多時間都浪費在兩條腿來回飛翔。直到我完全決定西班牙。1996 年，我和妻子離婚，我的孩子在德國接受訓練。
我遇到了我現在的妻子，我們一起在福恩吉羅拉海灘的第一線開了一家冰淇淋店。這個生意已經支持了我五年了。這段時間我們一起奮鬥，打下良好的基礎並不容易。到目前為止，我妻子的職業生涯是在一家銀行開始的，然後它就不再適合我的業務了。我們於 2002 年結婚，育有 2 個兒子。我從冰淇淋店轉向安裝和銷售空調系統，隨著時間的推移，我開始涉足太陽能技術。 該計劃包括大型光伏系統以及用於熱水處理的小型熱系統。 房屋的全面裝修和建設工作也納入管理範圍。

因為我（或我們所有人）在聯邦海軍中被賦予了生命的重要部分來保持健康，可以說，作為一個品牌。 因為在我們停泊的每個港口，慢跑都是根據手錶的情況分階段進行的。 最辛苦的跑步是在美國諾福克的陰涼處，氣溫約 45°C。 這就是為什麼我在生活中一直保持健康。 從 22 歲開始，我每 2-3 天慢跑 10-15 公里，直到退休。 在我一生中 17 場馬拉松（42,195 公尺）的準備期間，但每周大約 200 公里，持續 6-8 周作為訓練課程，此外還有我所知道的最出汗的運動，壁球運動。 水上運動、高爾夫和網球是當時您可以放鬆的休閒時光。

2014 年，我開始提出氣候變遷的概念，並接觸了一些能源公司。 但既然他們幾乎被賦予了像培根裡的蛆蟲一樣的能量，他們就沒有興趣做任何事情，為什麼要這麼做呢？ 一切都很好。 但不知怎的，我懷疑事情不會持續太久。 我們現在就可以看到它就在我們面前。 預測甚至更加黯淡。

遺憾的是，我在 2018 年初被診斷出患有白血病，不得不忍受艱難的時光，直到 2023 年初。 所以我現在接受第二次骨髓捐獻，這次是強效血液。

在住院的這段時間裡，我開始用全部的心思寫這本書。 現在我問自己，我得了白血病是一件恥辱嗎？ 說實話，有時候我很慶幸自己得了白血病，否則這本書不可能寫出來，儘管當時這是一個艱難的事業。 為此，請親愛的讀者們理解我，並向您的朋友和熟人推薦這本書。 這是革命性的，我相信我會創造歷史。 對我們所生活的世界的一種現實的、可理解的看法終於開始了。

我所創造的這個世界觀當然必須經得起任何批評。
只有最輕微的懷疑，它才會在無人區乾涸，或者你讓自己跟上其他未經證實的理論，直到下一個世界觀。 無論如何，我們目前提供的理論可以比作海上的一個大泡沫（我們現在的世界觀），如果有幾波浪潮（這就是批評），那麼泡沫就什麼都沒有留下。
在我的評估中，這種世界觀迄今為止一直是非常自我批評的，就像海浪中的岩石一樣。 科學現在將非常仔細地檢驗我的陳述。 這是一件好事，這樣所有的廢話終於從我們的腦海中消失了。 然而，親愛的讀者們，您擁有最終的意見。 我期待任何評論。
關於世界觀的這一革命性變化，這裡還需要考慮的是，哥白尼在 14 世紀遇到了與今天他在新世界觀論證中遇到的同樣的問題。 我們的地球花了 200 年才最終變成圓的，因為它以前是平的。 今天我想體驗這一成功。感謝溝通技術，我依靠每個人在應對氣候變遷的鬥爭中樹立榜樣。 因為這本書的目的是為再生能源鋪路。

量子物理學和廣義相對論之間的介面作用是什麼？

我稱之為：
量子動力學的引力壓縮

A.) 革命焦點的介紹性前言。

重新思考人類的過程會導致組織上的困難，以便在氣候變遷中發揮作用。 根本沒有具體的協議。 廢除化石燃料對人類提出了挑戰。 氣候變遷造成的嚴重風暴的負擔顯然是一個促成因素。 親愛的讀者，您可以參與這個專案。 為了在組織上重新定位自己，必須消除不正確的「事實」。 這裡需要的不是透過示威來發動罷工或騷亂，而是採取行動，就像世界各地發生的不合理的情況一樣。 透過本文檔來辨識自己，讓您的思維自由流動。
為什麼核融合反應器不能用來在我們的星球上產生能量，一開始聽起來很荒謬，而且對我們的科學來說是革命性的。 然而，需要有邏輯特徵的證據來從宇宙引出這個真理，這樣這個陳述的可信度就變得無可辯駁。 《星系與太陽系的形成》向我們展示了真實的能量流動，以了解每個星系中心的黑洞如何讓生命湧現，從而利用我們自己的物理定律來阻止地球上用於能源生產的核融合。 這被一個隱藏的謬誤所忽略。
暗能量和暗物質也變得透明和可理解，甚至 4 種基本力可以組合起來在黑洞質量中形成一個對稱點，儘管可能只有 3 種基本力。 銀河世界公式揭示了各領域尚未解答的問題。 來自許多領域的錯綜複雜的細節都可以與這些知識進行邏輯連接，這為我們的世界觀在整體上造成了一個複雜的謎題，並變得清晰可見。 本書中的所有陳述都嵌入以能量守恆定律為首要任務的框架中，但前提是研究結果不能受到任何「質疑」。
透過易於理解的範例、解釋和草圖，您可以了解我們星系中世界的形成，但僅限於我們可見的宇宙。 對於其他創世形象的批評和反駁，只要仔細分析一下，就會煙消雲散，無論起點在哪裡，都只有一個解決方案，這就是為什麼能量流動構成了宇宙真理的基本痕跡。 我們不知道是哪些自然力量建構了我們的宇宙，但最小細節所帶來的完美在整體概念中具有意義。 每個量子成員都有自己的工作要做，其中最小的是在星系和太陽的控制機制中具有超高精度的中微子，至今仍被愚昧地稱為幽靈中微子。 沒有這些幽靈中微子，生命就無法發展。
準備好迎接激動人心的、甚至是革命性的解釋吧，這些解釋從根本上改變了 21 世紀。 許多重要的解釋都以隱藏的重複的形式一次又一次地出現，我認為重要的是每個人在閱讀的時候就已經在眼前了，而不必在其他章節中尋找很長時間。

B.) 前言 能量流。

星際物質不能用來形成太陽。 沒有任何主動的能量變化能夠塑造太陽系的所有現象。 （參見網路能量守恆定律）由於星系的主導地位是由中心控制的，因此解釋的秘密也必定在那裡。
星系形成的形式只能透過能量痕跡的變化來辨識。 這意味著星系或太陽系的形成只能透過能量流動的痕跡來證明。 不得以任何方式違反我們原子世界的物理框架條件。 透過我的理論，我想詳細解釋這種能量流並深入描述它，以便沒有問題得到解答。 唯一的量子世界永遠無法以分析的方式降臨在我們身上。
每時每刻從太陽噴射出的數十億噸物質隨後將其歸為 SL 質量。 這種以銀河輻射和原子物質形式存在的質量是由數十億太陽風物質累積而成的。 我將在本書中追蹤太陽系或其他現象形成的整個過程。 例如，目前的科學觀點認為太陽是由物質雲和星塵坍縮而成，這不僅絕對令人難以置信，而且由於物質定律的熱力學狀態而完全是騙人的。 數量驚人的基本物理規則在這裡相互矛盾。 想想角動量、旋轉速度和質量分佈，包括 180 個衛星、奧爾特雲，以及大約 80 萬公里/小時的太陽速度。 在他們的流通中。 每個太陽係都是一個高度複雜的發條裝置，所列出的方向的基本原理不能只是出現並根據速度進行調整；這必須能夠深入解釋，直至最小的計算，以便於理解。 天體物理學和宇宙學中未解決的問題就像一個謎題一樣適合我的量子動力學引力壓縮理論。
這迫使我專注於我所看到的而不是我想看到的。 有了這些在這裡呈現的世界公式，幻想就有了很大的滋生地，但違反不可或缺的能源法則是禁忌。 只要這些都 100% 受到控制，只有在解釋解釋時，所有物理定律始終能夠被證明得到維持且不被違反，反駁在演示中才有意義。

C.) 前言世界公式。

世界公式的恰當表述描述了創造對稱性的 4 種基本力，這是我們人類的先決條件。 （我的看法，只有 3 個，親愛的讀者們，稍後你們自己決定）。 為了在數學上克服或整合這個障礙，必須以某種方式識別來自 SL 質量的未知物質，它與一個常數相容，因為星系的形成只能有一種形式，只能從出現和形成中看出。能量葉的轉化。 這種仍然未知的物質只能由我們人類以邏輯的方式來辨識。 我們永遠不會靠近這個事情來進行研究。 數學公式也不能使用，因為物理基礎會被破壞。
除非人們能夠在數學上計算出在重力壓力下壓縮或溶解原子殼所需的力（以公斤/公分為單位），這種壓力發生在 SL 質量中。(公斤/立方厘米) 翻譯的時候，可能會出現翻譯不準確的情況。 你必須自己思考。
否則我會盡我所能翻譯它，以便更好地理解。

D.) 科學智慧財產權的版權。

Perspective Universum 中的本書所有內容均受德國版權法約束。 任何複製、修改、散佈或商業用途都需要本書作者的書面授權協議。 本書內容的所有副本（包括其他語言的翻譯版本）只能用於您自己的私人用途。 因此，不允許將內容用於任何商業用途。 由於所有內容均由作者單獨創作，因此無需考慮第三方版權。 但是，如果您發現某個通知掩蓋了我的版權，請告訴我，以便我做出相應反應，以免侵犯我尚未獲悉的其他版權。 版權適用於本書出版之日尚未正式公開的所有學術思想。 因此，每個人都需要本書作者的授權協議，以便將其傳遞給其他有興趣的各方和讀者以及使用者。 這主要包括了解釋量子物理與廣義相對論之間的介面等內容的全部草圖，也代表了對核融合反應器永動機的解釋，導致反應器不做功。產生能量。 所有其他受版權保護的披露內容均單獨列出，以免因讀者的疏忽而產生警告。 違法行為將受到法律代表和 VG Wort 的起訴和警告。 我的會員資格在《版權法》第 7 條中為此提供了法律依據。 請尊重這一點，以免造成不便。 透過購買書籍或電子書的連結授予將其轉發給其他人的許可，並且被接受，甚至是非常渴望的。 我還想向您保證，除了必須納入我的陳述中的現有正確的科學發現之外，本書中的任何內容均未抄襲其他媒體或抄襲他人的知識。 然而，並沒有為此提出版權主張。 這意味著不存在第三方版權。從這個角度來看，整個作品以及宇宙學中提出的所有問題都屬於作者的完全獨家版權。

我想特別強調這一點，因為過去科學研究的大量知識必須自動流入我的這個革命性的構成中，以便使整個事物由於已經存在了幾十年的現有物理框架條件而具有可信的特徵。 。這是不同科學領域之間的干擾，從而相互融合。 給定科學的

公式視角宇宙
揭示了可見宇宙的世界觀。

參考僅基於原子世界，因為尚未有人發現量子物理學和相對論之間的接口，這是所有列出的版權的基礎。透過我的爆料，很多人在無意中受到了誹謗性的描繪，不幸的是，這無法避免，因為我的理論變成了合法的現實，還請大家理解。此處列出的版權涉及以下 10 個主要主題。有了這些發現，你將會著迷，緊張感隨著章節的奧秘而增加，因為這些是我們的全球科學提出的尚未解決的事實問題的答案。您可以自己瀏覽網路上提供的每一項版權。

1.基於能量守恆定律的星系世界公式，具有量子場論和廣義相對論的介面。
2. 揭示暗能量。
3. 太陽系形成從開始到預期結束。
4. 核融合再生在地球上不起作用。
5.暗物質及其存在原因的解釋。
6. 主張 3 種基本力，而不是 4 種基本力。
7. 拒絕空間擴張。
8. 奥爾特雲形成的整個過程。
9. 草圖呈現有效的氣候變遷概念。
10. 結果顯示太陽受到誤差分析。

律師負責加強我的版權保護權利
理查德· 瓦赫曼 Neue Bahnhofstrasse 2, 10245 柏林, 德國
電話 +049 30 3039840 電子郵件
：Wachmann@fachkanzlei-socialrecht.de

隨時準備談判許可協議並提供建議。

1.) 粗略總結。

根據這個模型，我們知道宇宙中可見的一切不可能是由大爆炸所創造的。否則，宇宙中的能量流就不會像今天透過哈伯望遠鏡、開普勒望遠鏡、詹姆斯· 韋伯望遠鏡或歐空局/歐幾裡得的最新望遠鏡清楚地看到的那樣顯示出來。
廣義相對論的標準模型僅適用於太陽系中演化的原子殼世界。量子世界要以不同的方式看待，它是整個宇宙 99.9999%的質量，位於 SL 質量、太陽核心、中子星以及類星體等。只有太陽系世界具有除了太陽之外，它們的行星的質量約為原子質量的 0.0001%，可能甚至更少，因為 SL 品質包含數量驚人的物質。我將在這裡解釋的壓縮物質的世界，我們可以想像，但不能在實驗室中進行整體檢查（SL 質量或太陽核心）。這是絕對壓縮狀態下完整基本粒子的世界。我們科學的目標是連接兩個世界，我透過解釋量子動力學的引力壓縮成功地實現了這一點。我這樣命名這個詞組合是因為目前還沒有類似的可見世界觀理論。透過邏輯步驟，我們可見宇宙中所有未解答的問題都會得出解決方案，整個難題以世界公式模型的形式清晰且易於理解地呈現給每個人。一種完全不同的觀點出現了，它甚至揭示了阿爾伯特· 愛因斯坦關於時空曲率的根深蒂固的善意謊言，並最終讓位於新的發現，並可以以一種可理解的方式被認可。幾種誤診之一對於我們地球的生存至關重要；但由於核融合物理學家的頑固抵抗，希望它不會長期伴隨我們人類。這是指利用核融合反應器為未來產生高水準能源的嘗試。
透過太陽系的形成過程，太陽正確的初級能量被揭示出來，這就是核聚變反應器在地球上不起作用的原因。我們這裡的科學還沒有得到官方認可，無法最終阻止核聚變反應堆的永動機。，讓幾十年來用三位數補貼建立起來的幻想缺失了數十億的資金可以被埋葬。
然後，您可以充分投資再生能源，從而最終緩解氣候變遷。

2.) 結合能的基本要求。

為了完全理解星系形成的世界公式，結合能是最重要的先決條件之一。結合能隱藏在日常化學過程中，無論是代謝過程或日常天氣條件。在核電廠中，只有少量的鈾結合能被釋放，我們看到強核力釋放了部分結合能。這意味著每個原子核及其電子都存在一定的結合能，例如以 MeV 為單位測量。（MeV=兆伏特/原子核）。
我們的世界，我們能觸摸到的一切，我甚至可以說，我們能飛翔的任何地方，都是由原子組成的。我們生活在一個核子世界。
我們的太陽，以及所有其他太陽，只向我們展示了它們的原子麵，但還沒有人看到 SL 質量，因為那裡沒有發出光輻射，所以光甚至不是透過核融合產生的。然而，如果中子星或磁星對我們來說是可見的，那麼它是一種非原子物質，而只是中子和質子的殘餘壓縮，因此 SL 質量的物質位於核心，並且由於某種原因發生核融合已經結束了走向地表。最初，這樣的中子星可能是像差的受害者太陽，或者它們可能有權利透過形成整個星系的混沌理論過程而存在。眾所周知，這些重天體的引力過大。從今天起，人們就假設它們是現有太陽的殘餘物。即使以前沒有太陽，這些現像也一定以某種方式出現。這一切都將被澄清。
例如，這是首次解釋結合能的地方。流程的轉變肯定已經發生。結合能步驟被中斷。發生了什麼事，怎麼可能？結合能總是與外在影響它的能量有關。每個結合能都有一個解析度限制，可以超過該限制，直到無法啟用進一步的結合能步驟。原子彈爆炸後，這種結合能就不再存在了。這是 SL 品質的最終一步，達到所有夸克家族都是自由的水平。在這種濃度下，1 cm^3 夸克族物質的重量至少為 90 兆噸，所有釋放的電子的場線強度達到 10^{20} 特斯拉或更高。

各種氣體，例如氫氣、氮氣或氧氣（以及更多）可以在地球上被壓縮。然後，壓縮的液體質量包含迫使這些氣體壓縮的大部分能量。在非常弱的水平上產生了結合能。滿壩水的壓力也可以被描述為發電的結合能。以我們地球的重力來說，距離海洋 10.000 公尺的深度，我們會有 1.000 巴的壓力，這也是束縛能。即使我們的大氣層在海平面上也會產生大約 1 bar 的壓力。在最後一個例子中，壓力為 1.000 bar，地球的重力可以輕鬆地將氣體壓縮成液體。為了進一步獲得結合能，液體或固體材料必須被壓縮。由於我們的世界由原子質量組成，因此不可能壓縮固體材料，如果可以獲得壓力能量，則根本沒有材料本身能夠承受反壓。這是一個純粹的邏輯理論。一切都表明這一步驟在 SL 質量中是可能的，因此一切都按照我們在許多示範性宇宙例子中可以理解的能量流動的方式進行。對不同的結合能步驟進行了解釋，以便在接下來的章節中有一個很好的理解。

四 (3) 種基本力具有基本的相互作用。引力、電磁力、弱核力和強核力。所有四種基本力肯定會在原子世界中發揮作用。然而，SL 質量中僅存在重力和電磁力。原子殼的大小已被重力抵消，因此它不再存在。然而，由於夸克家族中沒有所謂的引力子的證據，因為它尚未被發現，所以未能找到引力子表明基本電磁力是造成這一現象的原因。稍後會詳細介紹。SL 質量的這種結合能會等到兩個黑洞之間的碰撞而形成數萬億個太陽，然後切換回太陽中的原子物質。這就是 SL 質量的解效應。 第一個結合能步驟中發生了什麼事？ 從原子，即原子殼世界（正在溶解）到核子世界。 我將在稍後的說明中將此步驟稱為 A1 到 N1。 在十億公里高度的物質壓力下，可以實現這一結合能量步驟。也許遲早，因為十億公里很小，你稍後就會意識到這一點。SL 質量中的第二個結合能步驟是從核子能階到位於核子中的夸克。 此步驟稱為 N1 至 Q1。這一步驟將在未來十億至兆公里內實現。 這裡也是，也許更晚或更早。 因此，Q1 是所謂黑洞的 SL 質量中的主要物質，它不再與空洞有任何共同點，而是絕對相反的高度壓縮物質。當原子殼層從 A1 溶解到 N1 時，弱核力儲存在結合能 N1 中。從 N1 到 Q1 是強核力，儘管這兩種力不再存在於 SL 質量中。只有透過更多物質的認可，電磁力才會隨著重力而成長。
（詳情請見未知事項）

在回饋過程中，當太陽因碰撞而脫離 SL 質量時，先前的高重力就會消失，從而形成結合能。 先釋放結合能的步驟稱為 Q2 至 N2。 然後我們可以看到的是最後的 N2 到 A2，這就是太陽系在早期非常炎熱的環境中形成的過程。
（這裡也是太陽系形成的一切）。
不要混淆：SL 質量中的壓縮過程 = A1 到 N1，然後 N1 到 Q1。這是物質吸收到 SL 質量中的過程。
SL 表示我們人類還不知道的質量，它位於每個星系的中心。
減壓過程在陽光下進行，即陽光照耀時，一如既往。 = 在我們的原子世界中，Q2 到 N2，然後 N2 到 A2。

草圖：1 結合能。

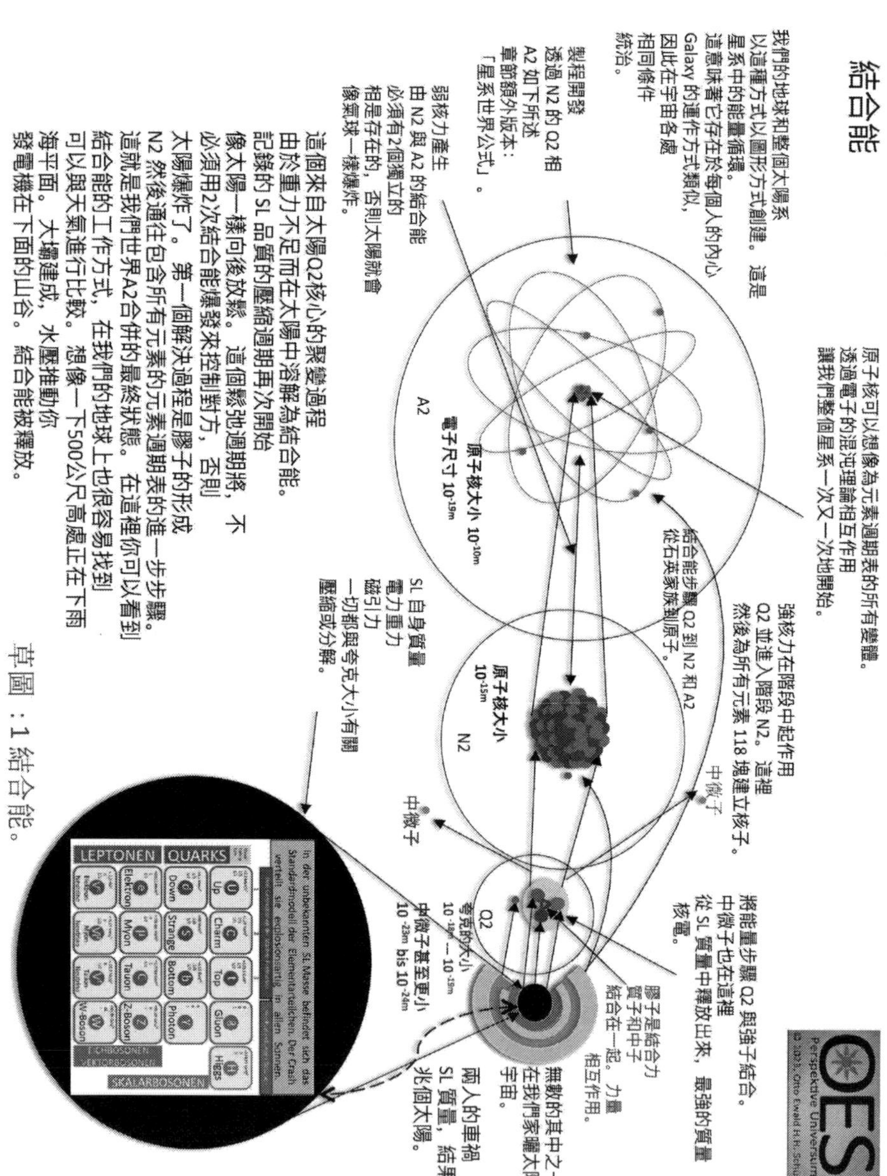

結合能
原子核可以想像為元素週期表的所有變體。
透過電子的混沌理論相互作用
讓我們整個星系一次又一次地開始。
OES
Perspektive Universum
© 2023, Otto Ewald H.H. Schulz
我們的地球和整個太陽系
以這種方式以圖形方式創建。這是
星系中的能量循環。
這意味著它存在於每個人的內心
Galaxy 的運作方式類似,
因此在宇宙各處
相同條件
統治。
強核力在階段中起作用
Q2 並進入階段 N2。這裡
然後為所有元素 118 塊建立核子。
將能量步驟 Q2 與強子結合。
中微子也在這裡
從 SL 質量中釋放出來，最強的質量
核電。
中微子
結合能步驟 Q2 到 N2 和 A2
從石英家族到原子。
膠子是結合力
質子和中子
結合在一起。力量
相互作用。
製程開發
透過 N2 的 Q2 相
A2 如下所述
章節額外版本：
「星系世界公式」。
無數的其中之一
在我們家曬太陽
宇宙。
原子核大小 10^{-10m}
電子尺寸 10^{-19m}
A2
原子核大小
10^{-15m}
N2
Q2
夸克的大小
10^{-18m} -- 10^{-19m}
兩人的車禍
SL 質量，結果
兆個太陽。
弱核力產生
由 N2 與 A2 的結合能
必須有2個獨立的
相是存在的，否則太陽就會
像氣球一樣爆炸。
SL 自身質量
電力重力
磁引力
一切都與夸克大小有關
壓縮或分解。
中微子
中微子甚至更小
10^{-23m} bis 10^{-24m}
這個來自太陽Q2核心的聚變過程
由於重力不足而在太陽中溶解為結合能。
記錄的 SL 品質的壓縮週期再次開始
像太陽一樣向後放鬆。這個鬆弛週期將，不
必須用2次結合能爆發來控制對方，否則
太陽爆炸了。第一個解決過程是膠子的形成
N2 然後通往包含所有元素的元素週期表的進一步步驟。
這就是我們世界A2合併的最終狀態。在這裡你可以看到
結合能的工作方式，在我們的地球上也很容易找到
可以與天氣進行比較。想像一下500公尺高處正在下雨
海平面。大壩建成，水壓推動你
發電機在下面的山谷。結合能被釋放。
In der unbekannten SL Masse befindet sich das Standardmodell der Elementarteilchen. Der Crash verteilt sie explosionsartig in allen Sonnen.
QUARKS
LEPTONEN
Up
Charm
Top
Gluon
Higgs
Down
Strange
Bottom
Photon
Elektron
Myon
Tauon
Z-Boson
W-Boson
SKALARBOSONEN
草圖 :1 結合能。

3.) 物理框架條件。

現在具體說明我將並且必須根據我們的物理定律運動的框架條件。 但你絕對不能忘記一件事！ 世界很久以前就已經形成，當時我們人類還沒有基本的數學和物理定律，但星系已經完美地運作了，沒人知道能持續多久。 所有複雜的字詞、表達方式以及可能的標準模型、假設和幻想長期以來都為討論帶來了矛盾的想法。 尤其是那些未解決的問題。 你也可以說宇宙學不知何故陷入了死胡同或危機；太空中的事物透過我們的望遠鏡變得可見，但在大爆炸理論和標準模型中找不到具體的聯繫。 這裡必須包括我們還不知道的未知物質 SL 品質。 其他範例 版本有多種類別，這都增加了混亂，但如果您能夠遵循整個能量流並詳細描述它，那麼太空中發生的事情的功能相對簡單，就像本書中那樣。 然後應該清楚地考慮星系形成的表象世界觀，以便每個問題都有望得到透明的答案。 引力能的不可定義性導致許多世界觀理論難以理解。你在許多紀錄片中都聽過，中微子被稱為飛行的幽靈。 我發現了這些中微子存在的理由；它們不是幽靈，而是對我們人類在太陽系的存在中發揮作用。

3.1.) 量子動力學的框架條件引力壓縮。

一般量子力學對此只有指導，以便可以容納引力能，但在這種 SL 質量的未知物質中收縮的物質壓縮（之前已描述過）沒有能量常數。 我稱之為量子動力學的引力壓縮。 在這一點上，我們的科學應該受到挑戰，透過證據提供更清晰的資訊。 激發基本見解的想法是第一步。 我親愛的讀者們，你們可以參與進來，為研究注入一束雷射思想。 在 SL 質量中，先前能量消耗的原子材料被壓縮，然後通過太陽核心中的初級能量通過太陽回到我們的世界，形成原子殼格式。這個減壓步驟可能是太陽核心的秘密，太陽核心是由兩個 SL 質量體碰撞而產生的。可以說，每個星係都是獨立運作的，但並不是封閉的系統，能量可以從一個星系傳遞到其他星系。這可以從現有的較小星系和星系外個體的、非常自由的太陽的存在中看出。SL 質量，即暗物質，在星系之間無形地穿梭，可能佔整個星系的 20-30%（或更多？。答案可以在暗物質的解釋中找到。

3.2.) 星系世界公式的框架條件。

有了這個世界公式，就可以了解星系的生命，就像太陽系的形成。這樣做，我們在核子世界中遵守規定所需的框架條件就不會受到侵犯。在我看來，由於星系的潮起潮落已經持續了數萬億年或更長時間，因此我們應該對周圍世界的運作方式感到滿意，直到未來大約 200 億光年之外。在某些時候，如此多的星系將掩蓋來自星系的入射光的可見性，直到即使是終極望遠鏡也不再能夠找到清晰的間隙。紅光偏移的幅度也會根據距離自動抵消。甚至不該問事情從何而來的問題。空間大小的問題也是禁忌。在我們的進化時代，這個問題仍然沒有具體的答案。但我們正在慢慢摸索出路，這可能會以我的描述結束。除了光波振幅分析之外，我不知道還有什麼其他方法。但到目前為止看到它有什麼用呢，同樣的事情正在我們附近發生呢？因為到處都是同樣的遊戲，所以你只要看看前門外面就可以了。
世界公式的期望主要涉及質量的開始，即第一個夸克家族成員，這些基本粒子是何時、何地、如何產生的？如果他們在那裡，他們從哪裡來？能量、時間、空間都是由質量產生的，但當談到質量從何而來的問題時，一面無形的牆出現了，它是透明的，但後面什麼也看不見。
一段時間以來，我一直想知道夸克家族成員是否可以通過極高的電子濃度（非常非常高的磁力）從無到有，因為電子的能力就是它們的運動，這種運動不會在任何地方停止。無論是在原子世界或是在暗物質中。也就是說，電子的能量從哪裡來？為什麼他們總是在移動？波動還是緊張？

4.）世界公式的想法是如何產生的？

世界公式的思想火花發展得相對較快，在考慮能量守恆定律時也沒有引起任何擔憂。因此，星系的能量流將提供證據表明，無法對太陽的主要能量（目前是氫）進行誤差分析來測試地球上核融合反應器產生能量。因此，核融合反應器技術是我們非常過時的科學（50 多年前）在沒有太多思考的情況下錯誤地精心策劃的。為了最終放棄這種能源生產的幻想，需要基本證據。對這種核融合幽靈的研究已經在這裡進行了 50 多年，難怪它能取得成功，不是嗎？從太陽的光譜可以正確地得出結論，核融合過程涉及高比例的氫。但由於我們只能粗略地估計日冕到色球層的外殼。核融合可以從太陽的光譜中得出結論，但太陽的核心仍然是一個不可侵犯的秘密。由於大家都認為太陽是由氫構成的，所以我就說「氣泡」。為了能夠檢查隱藏的秘密寶藏並了解內部到底發生了什麼，大型強子對撞機可以透過中微子分析（Katrin Neutrino Scales 這是一個可以用來稱量中微子的天平。）進行推測。這可能揭示太陽核心主要能量的誤差分析。在那之前，我個人要做的就是追蹤太陽數十億年來以各種聚集狀態和相應溫度不斷釋放的能量。如果這裡沒有能量循環，我的想法就錯了；這裡寫的一切根本就不會出現。由此看來，最終的邏輯是期望太陽釋放能量並吸收 SL 質量的能量。這反過來又產生了這樣的邏輯：太空及其處於不同發展階段的星系現在透過觀察發揮作用。 這正是我在各個重點領域所發現的內容，以便透過本書來證明這一點。

5.) 西班牙：作為星系尺度可以提供更好的理解。

西班牙的真實比例例子，其幾乎真實的直徑約為 1.000 公里，非常適合生活在像我們這樣的星系和整個宇宙的天文大小中，我們在現實中看到了它，但無法發展出適當的想像力對於尺寸。這使得我們的想像力更清晰地更好地處理這一點，以便真正能夠視覺化和穿透銀河系。 按比例計算，它是 100,000 光年，相當於直徑 1000 公里。 在這種情況下，我們的太陽系測量到柯伊伯帶的範圍也只有直徑約 15 毫米的小鷹嘴豆那麼大。 地球距離太陽僅約 0.158 毫米，最近的恆星（半人馬座阿爾法星）距離太陽近 43 公尺。 僅這些距離就表明太陽係是從太陽產生的。 速度和其他細節在後面的解釋中強化了這一說法。在首都馬德里，我們想像中心和某個地方有 SL 質量，但這個質量有多大？ 沒人知道！ 你無法測量它們。 你知道嗎？ 你能想像什麼？ 還沒人見過她。 透過軌道太陽的認可，它仍然隱藏在每個星系中。 如果在星系中看到 SL 質量（這已經發生了），那麼它的口徑將非常小，無法與我們 SL 質量中心的質量相比。在這裡，一些太陽會圍繞著一些只能被識別為 SL 質量的物體相對較快地旋轉。 這也是事實，因為對於像我們這樣的大星系甚至更大的星係來說，這是漫長壽命的終點。我們假設距離馬德里市中心 5 公尺為 SL 質量的可能範例的直徑。 這是直徑約 25 公里的馬德里大都市的一小部分。 從大約 100 公里高空鳥瞰，你無法看到這 5 公尺的區域，但西班牙作為一個整體卻可以，就像其他星系一樣。 依照西班牙尺度，直徑為 5 米，實際直徑約 6 光月。 您會注意到 SL 質量一定非常大，因為您可以增加 5 米，但它仍然很小。 如果從這個高度看西班牙，這 5 公尺只能算是一個極小點。 在直徑 20 公分的電腦顯示器上看西班牙就更清晰了。 在這種情況下，該 SL 質量的中間長度為 5 米，直徑為 0.001 毫米。 這個像素甚至不會出現在電腦上。 然而，實際上，這個體積可以容納大約 40 兆個太陽質量，請注意，太陽的直徑為 140 萬公里，這與整個太陽的實際質量並不相符。 如此壯觀的 SL 品質超出了人們的想像。 現在您已經意識到這個比例範例如何傳達現實中的非凡現實。

透過將星系計算為靜止星系，也可以更好地想像星系的旋轉，因為我們的太陽繞著 SL 質量運行大約需要 2.5 億年。 讓我們想像一下，作為我們太陽系的小鷹嘴豆位於科爾多瓦市某處桌子上的一張 A4 紙上。 太陽到銀河系中心的相對速度約為 80 萬公里/小時，到馬德里某處 SL 質量的距離約為 270 公里。 那麼 DIN A4 紙上的鷹嘴豆一年將向前移動約 6.78 毫米，或每月移動 0.56 毫米，每週移動 0.13 毫米。 這就是 1000 公里星系大小的尺度距離。 現在，如果我們銀河系中的所有太陽都以大約相同的速度移動（實際上它們確實如此，除了少數例外），那麼恆星星座在不知不覺中保持不變，而星系的旋轉（正如電腦模擬中經常顯示的那樣）是假的，並且與現實不符。然後中微子會相應地調整太陽之間的距離。 此外，用於模擬的軟體是在不基於現實的基礎上編寫的。 這裡缺少的不僅僅是暗能量的力量。這意味著暗能量必須作為軟體中的「幽靈中微子」包含在模擬計算中，稍後將對此進行很好的解釋。 在這些考慮因素中應該考慮到這一點，而不是增加混亂。 這為進一步研究的起點打開了死胡同，因為找不到其他出路來回答許多未解決的宇宙學問題。 這也發生在阿爾伯特· 愛因斯坦身上，他發明了重力的時空曲率。 這個解釋也是後來的。如果我們現在看看我們可觀測的宇宙，以西班牙的大小作為我們的星系，我們幾乎可以一直看到太陽，並且每 10,000 公里到 50,000 公里就有一個向各個方向分佈的星系。 你會發現，當你比較這個尺寸時，它又變得模糊和混亂。這裡幾乎沒有透明度來保持概覽，因為 1.5 億公里對我們來說又是難以想像的。為了更好地了解我們的可見宇宙，再次縮小尺度是有利的。 我們將銀河系縮小到 CD 大小，即直徑約 10-12 公分。 然後，我們的鄰近星系仙女座星雲將移至距離我們 CD 約 2.5 公尺的位置。 星系分佈在宇宙的各個方向，彼此之間的距離不同，大小從 3-4 公分的小星係到近 1 公尺的星系。 因此，由於入射光波振幅紅移而產生的瞬時能見度可確定為約 14-15 公里的距離。 1Km 則對應 10 億光年。 由於重力和反重力（中微子發射），緻密到不太緻密的星系的結構以及聚集體已經形成。 有些區域可能沒有星系，但有可能懷疑暗物質或來自該區域的入射光波被其他 SL 質量（即暗物質）遮擋，目前在觀測期間，這種可能性可能較小，但不能排除。兩者可能會相互融合，結果將是目前提供給我們的宇宙結構。留下的星系結構的痕跡確實非常古老，以至於無法將其數位化。因為一次打擊，就像萬物大爆炸一樣，使想像力相形見絀。看看可見宇宙的大小比例就知道了。
那你怎麼能相信這樣的事情呢？ 參見草圖：空間擴展。

6.) 揭開整個宇宙的秘密。

隨著秘密影像從深海突然浮出水面，可信度也隨之增加，你可以很容易地了解我們的星系在所有星系的網絡中是如何運作的。 我們必須在太空中採取進一步的步驟，才能弄清楚太陽功能這現象的真相。 能量被釋放（在陽光下）、溶解並返回到原點（進入 SL 質量），透過重力再次充電，以便稍後再次發生釋放。 這就是能量守恆定律必須被接受的方式，而不是其他方式。 隨著時間的推移，溶解過程在我們的地球上產生了生命。 這裡說的很簡單，但這是一個非常複雜的過程。 這個循環就是宇宙中或所有星系之間的生命。 這在各章節中都有詳細解釋。

公式視角宇宙
揭示了可見宇宙的世界觀。

素描：2 尺度宇宙。

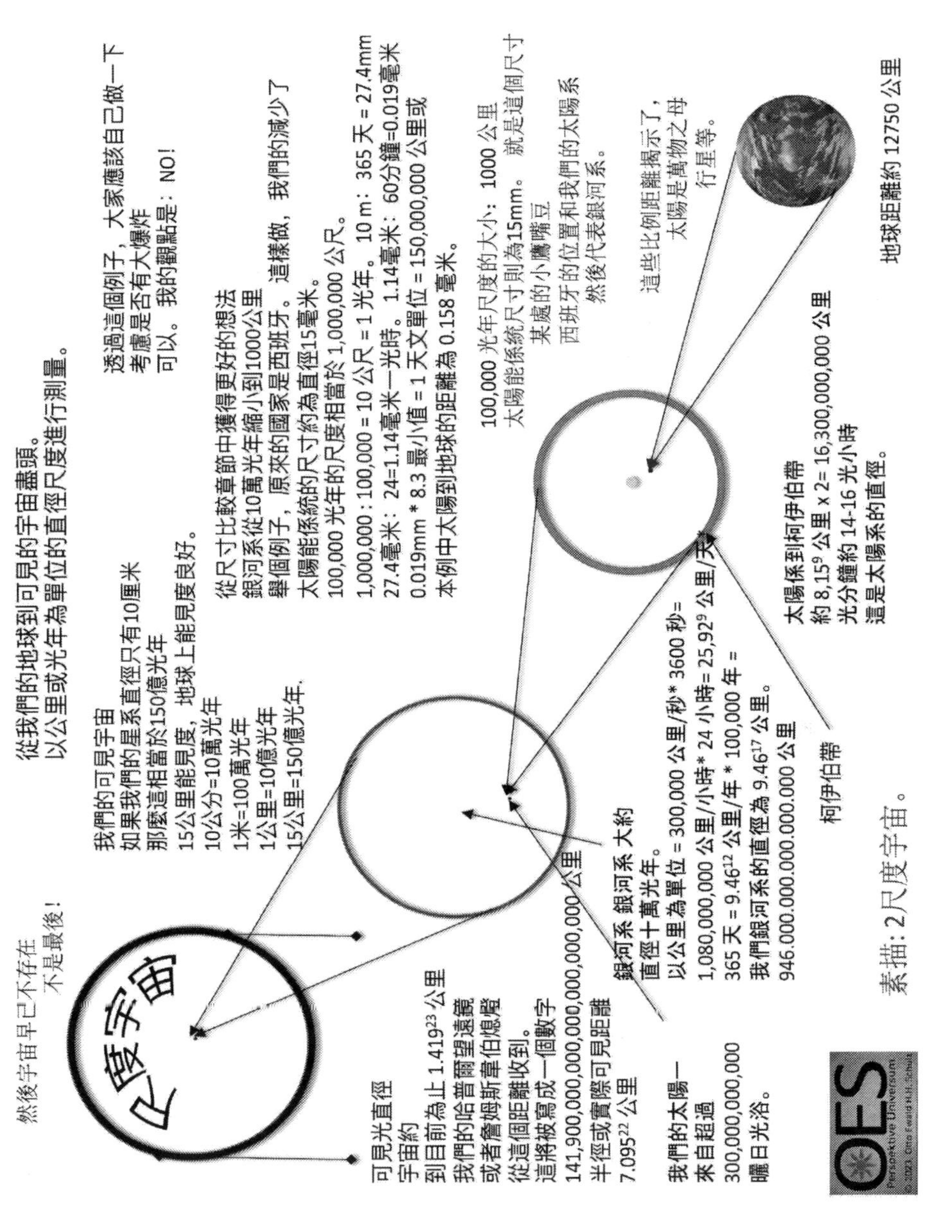

素描: 2尺度宇宙。

6.1.) 為什麼大爆炸是對宇宙萬物的誤診？

這些在世界範圍內廣泛傳播的科學知識，卻成了我邏輯推理的犧牲品，就像幾千年前，當地球在中間的地心世界觀仍然存在於我們的地球上時一樣，後來它變得更加重要。由於更好的日心說世界觀，在 16 世紀左右變得可以理解。 直到今天，所謂的大爆炸已經在我們的世界觀中留下了印記。 現在需要翻新，因為它不能是這樣的。 親愛的讀者，你們將能夠自己評估我的論點，然後形成自己的觀點，就像我從宇宙中獲得的其他啟示一樣。 為此，我們首先想像可見宇宙的大小，您只需幾個簡單的步驟就可以快速計算出來。 我們的星系大小為 100,000 光年，假設其大小為 10 公分。 我們目前能做到 15 到 200 億左右？ 觀察光年遠的宇宙或接收光（光子包）。這將是大約 15 至 20 公里的真實比例距離，理論上可以在能見度良好的山上從一個點向各個方向看到該距離。 你認為那是宇宙終結的時候嗎？ 一切都顯示事實並非如此，因為如果真是這樣，與地心世界觀相比較，那絕對是錯的！ 那麼大爆炸理論又陷入了另一個謬誤。 由於科學認為存在一次大爆炸，因此宇宙據稱正在膨脹；這一點已得到數學證明，並因此獲得了諾貝爾獎。 （那麼它一定是真的，對吧？）但是，這個計算是按照秒差距的順序測量的。 所以一秒差距大約是 3.2 光年。 現在，按照我們銀河系的尺度（直徑為 10 公分），秒差距約為 0.0032 毫米。 想像一下這個秒差距大小與 15-20 公里甚至更多相比，因為宇宙要大得多。 因此，我們將大約 $64{,}000^3$ 公里的體積換算為 0.33 立方毫米的體積，這按比例縮放到 100,000 光年換算成 10 公分。 在我看來，只有一種能量負責這種空間膨脹的計算，那就是與「幽靈」中微子的相互作用，這對我們的宇宙學科學來說仍然是未知的。 這種天生的超級智慧工作方式不能用絕對最高級的現象和奇妙來形容。 因此，這些相互膨脹的太陽都會發生這種現象。 星係也透過這種目前科學未知的暗能量以這種方式相互反應。 這進一步證明大爆炸不可能存在。 因為如果這些中微子沒有暗能量，我們根本就不會存在，而且根據今天的世界觀原理，宇宙早就透過「僅重力」聚集成一個巨大的物質球。 因為透過這種只存在於太陽核融合階段的反重力，新的功能世界觀被清楚而清楚地揭示出來。 現在想像一下所有這些變數及其所有的能量，你一定會同意我的觀點。 這也導致了數萬億甚至更多星系之間的結構。 這樣的結構不可能由突然的大爆炸產生；這些是過去數萬億年甚至更久時間留下的痕跡。
感謝上帝，書中所描述的假設性陳述今天將不再讓你陷入火刑柱上。 這種摩擦損失總是那些受到我們複雜世界的任何變化的負面影響的人。 在這種情況下，核融合技術在全世界範圍內都採用了高水準的工程技術。 由於幻想，數十億美元被浪費在這裡。

6.2.) 我們已經存在過多少次了？

這會產生清晰的關係。 對我們人類來說，宇宙終結的心態是不存在的。我們人類與宇宙中的所有自然共存了多少次，實際上只取決於成分的問題。 有了適當的身份，超過數萬億個像我們這樣的其他太陽係就可以發展起來。 大家讀完章節後可以自己想像。 但我很想知道我們人類已經存在過多少次了。無論如何，宇宙已經運行了超過一萬億年甚至更久，如果這可以用數字來表達的話。 我們目前透過科學想像的一切都發生了一場大爆炸，一切都是從無到有，聽起來像是純粹的幻想和魔法。任何相信這一點的人最好加入我們不同的宗教之一，然後他們就不必考慮它不再了。

6.3.) 背景輻射、微波和重力波。

背景輻射或重力波是肯定存在且無法否認的，但背景輻射是指我們的星系或周圍區域，與我們能看到的真實宇宙相比非常小。宇宙可能超過<一百萬放大一倍，但誰知道呢？ 這與重力波沒有什麼不同，它們來自四面八方，相互幹擾，精確定位可能根本不可能。 如果出現任何計算，那麼該計算總是非常接近高錯誤率。 原則上，每個研究人員都假設有一次大爆炸，然後大爆炸就在瘋狂的陳述中毫無怨言地消亡了。 如果你在小學學到了錯誤的基礎知識，你該如何回應？ 我只是說; 這可能是人類史上最大的災難。

6.4.) 銀河系大約在 138 億年前開始形成？

如果你再次將我們的星係想像成一個大約 10-12 公分大的 CD，那麼，正如我所說，由於入射光波的紅移和宇宙中所有相關的方向。 透過可理解的視覺文字，您可以以 0.1-5 公尺的間隔向各個方向分發超過萬億張 CD（尺寸可達 1 公尺）。 透過各個星系的這些不同的功能階段，很明顯，並非所有事物都可以與 138 億年前的整個大爆炸同時開始。 暗物質本身就揭示了這個秘密，因為它只不過是一個解體的星系，在超過 300 億年前（或更早，取決於星系的大小）開始其生命，現在以看不見的 SL 質量結束，以放鬆再次使用另一個 SL 品質。 只有這樣，SL 群眾才能互相認同並再次衝向彼此。這是一項令人著迷的技術，並且得到了很好的解釋。
CD =壓縮碟片。

6.5.) 理論 - 每 50 年集中註意力會更好？

以我們目前的技術，人類已經達到了 300 年前無法想像的程度。
有了這些世界創造的理論，我們現在知道整個宇宙不可能發生大爆炸。 按照我的指示，很多科學理論只能被否定。 更好的是，你必須先完全學習它，即將它從許多人的腦海中抹去，這樣你才能再向前邁出一步。 即使再過 50 年不會再發生，進步也永遠不會停止。 不值得與事實作鬥爭。 反對這一點是完全沒有意義的！ 這種情況在過去數百年中已經發生過很多次，現在和將來可能會繼續發生。 大眾覺得學習非常困難。

7.) 未知物質。 （SL 質量=黑洞）。

如果我們觀察原子世界中的原子殼層，我們就會知道任何材料都是由相連的原子殼層組成的，並且材料的性質主要取決於質子和中子的原子核，而電子則進一步細化了混合物。 弱核力將原子殼結合在一起。
為了證明 SL 質量的高引力是合理的，人們可以斷言 SL 中的質量一定受到壓縮。 如果氫要成為宇宙的基本材料，那麼這種引力就不可能由氫產生。 例如，在磁星中，對於造成高重力的強場力線流沒有充分的解釋。 進一步考慮範例會得到相同的結果。
在我的解釋中，兩種結合能都得到了合理的解釋。 一方面描述了贖回階段，另一方面描述了釋放階段。 因此，一個進入壓縮階段，另一個再次退出壓縮階段。

進入壓縮階段，這是原子基本物質到達 SL 質量時的狀態。（我們只知道這種原子物質）它來自燃燒的太陽，在生命階段來自太陽系，後來透過太陽對太陽系的毀滅。減壓階段，即壓縮物質恢復為原子物質時。這正是在陽光下發生的情況。為了避免混淆，從原子殼層的原子世界到核子 N1，壓縮中的第一結合能肯定稱為 A1。從核子 N1 到對稱夸克族物質態的壓縮階段，第二結合能也稱為 Q1。如果物質這個術語仍然適用的話，這也是 SL 品質的整體，其中包含數量驚人的壓縮物質。第二步，結合膠子的強核力被溶解。必須考慮 SL 物質的深度，過渡階段發生在從 N1 到 Q1 的階段。該點可能會出現在從地表到深處數十億公里的某個地方。如何評估電子比率仍然是猜測。在 2 個 SL 質量的碰撞中，這種壓縮狀態再次逆轉，破碎成超過萬億個單獨的塊（單個太陽）。在這裡，在減壓階段，我將夸克族到核子 N2 的第一個結合能描述為 Q2，將核子 N2 到原子世界的第二個結合能描述為 A2。這種對未知事物的解釋一開始肯定不容易理解，我想為此使用資源。

為了真正了解這樣的 SL 質量，最好想像現實中的西班牙國家。馬德里這座直徑 25 公里的大都市，在直徑 20 公分的電腦的 Google 地圖螢幕上顯示為 5 毫米。所以 5 毫米對應 25 公里，其中 5 公尺對應 0.001 毫米。如果您現在將這 5 公尺想像為馬德里大都會中 SL 質量的直徑，那麼該 SL 質量在現實中的直徑約為 6 光月，或以公里測量約為 4.5^{12} km。（標稱 4,500,000,000,000 公里）這個巨大的球在直徑為 0.001 毫米的高分辨率 15 英寸電腦的屏幕上根本看不到。像素為 0.1 毫米時會大一百倍。現在甚至很容易假設 SL 品質實際上可能更大。因為如果你時不時地看到 SL 質量的景象，那麼它們就是尺寸被誇大得多的物體。或者你對此有何看法？目前，我們對這個想法感到滿意，並試圖理解壓力。這種材料將能夠在十億公里的深度產生令人難以置信的高壓。 由於已經觀測到直徑高達 100 萬光年的非常大的星系，因此這個例子肯定適合任何星系。 因此，壓力是由材料本身造成的，然後由於重力，材料本身將幾乎所有量子成員在更深的層中緊密地擠壓在一起。 然後弱核力和強核力被溶解，或者更好地說，帶電，即產生結合能。 就像雨水填滿大壩，然後水壓驅動發電機發電一樣。 這就是透過量子在太陽中形成弱核力和強核力的方式，作為一個原子世界，聚變最終產物透過核素曲線作為元素週期表躺在我們腳下，而我們自己就是由它組成的。

據推測，我們可以說在深處的某個時刻

8 億公里至 10 億公里處的核子，即我們所知的原子世界，已不存在。 由於電子的高引力，也可能來自表面，然後電子摧毀了我們所說的原子世界的一切。 就我個人而言，我估計所有的電子質量都在 SL 質量的外層，我們稱之為奇點。 我想像這就像一台粉碎機，可以中和任何被吸入奇點的東西。 沒有核融合，也沒有光。 但誰知道表面是如何構造的呢？ 外觀如何只能想像，但絕對是次要考慮因素。 如前所述，核子的結合能（強核力和弱核力）被重力溶解。 由於高重力，核融合或向外部發展能源不再可能發生。 在 SL 質量的上部區域，原子殼層實際上被它們自己的電子以非常短的運動破壞，從而釋放核子。 結果，我們所知道的原子材料崩潰了千萬億：1（壓縮級）。當它因碰撞而破裂時，這種強大的引力將消失，並且該過程開始向後，從而產生了太陽，進而產生了太陽一個經過數十億年的太陽系誕生了。 Q2 到 N2 到 A2 的回饋過程就是太陽的主要能量，而不僅僅是氫到氦的核融合，後者作為最終產品為我們提供熱量和各種紫外線輻射。 進一

步的聚變過程發生在元素週期表中，但僅發生在形成歷史的第一個熱階段。 在減壓階段，這是從 Q2 到 N2 的第一個能量結合步驟。 讓我們繼續討論壓縮級別，我想指出，在這樣的壓力級別下，可以想像採用壓縮等級 A1 至 N1 的這種考量。（參見中子星形成）如果沒有中子星，則只會出現結合能相。這是符合邏輯的。 因為正如我剛才所說，從 Q2 到 N2 的階段缺失了，這意味著只能剩下一顆中子星。進一步以 4.5 兆公里為例子，以直徑約 45 公分的典型妮維雅塑膠球（大家可能都知道）為例（4.5 兆公里相當於此處的 45 公分），10 億公里深度的比率就成為 SL 質量，妮維雅塑膠球殼厚度為 0.1 毫米，所以比較薄。

然而，距離該質量中心仍有約 2.249 兆半徑/公里。現在你可以看到你自己的重力對「地殼」下面壓縮的質量施加了多大的壓力（也許它根本不是地殼？）這太粗糙了，我寧願想像這個區域類似於太陽的日冕，但只有相反的功能。 這樣，由於重力壓力的增加，主量子核心已經在一定深度的某個地方顯現出來了。我認為沒有理由因能量流而進一步提高結合能水準。 當談到產生這個延伸超過 50 萬光年的強大磁場時，這一責任僅由自由電子承擔，它們的場強達到難以想像的程度。 SL 品質的工作方式可能與本例中所解釋的類似。 當然還有其他版本與此沒有太大差別。 但它們不能與能量流不同地分類。

轉變為中子星、磁星或超新星的具體方式肯定與這種結合能有關。 稍後將在中微子部分解釋這個過程如何更精確地進行。我可以如下描述這種能量分析。 考慮到這一點，我想提醒您，只有當我們透過望遠鏡觀察到的能量遵循邏輯能量循環時才能做出陳述。 在大約 130 年前剛形成的星系中，兩個 SL 質量體在碰撞中相撞。 這產生了伽馬輻射和比我們現在太陽發出的光亮 5,000 倍以上的光。（我認為，這些是類星體）這種光的擴大（由於膨脹而增加的直徑）需要數百萬年的時間，膨脹率超過

4,000,000 公里/小時。 例：這個形成星系的直徑為一光年，大約 130 年前以這個速度發生碰撞。 如果觀察這項發展 10 年，直徑將從 1 光年（9,500,000,000,000 公里）擴大到 9,850,000,000,000 公里。 其擴張速度令人難以置信，高達 400 萬公里/小時。 實際上，10 年後，您會得到相同的光束，但光強度稍低。 隨著氣體雲霧會慢慢繼續籠罩核心。 當 SL 質量體碰撞時，碎片球會像太陽一樣散開。 這些碎片球透過碰撞、跳彈和其他幹擾被推入軌道。 然而，這些「現在的太陽」中的大多數很快就被後來的 SL 品質重新認可。 大約 650 萬年後，這個星系的直徑將達到我們銀河系的直徑，但由於太陽的對抗，計算的速度會降低，因此 650 萬年可能會擴大到 1000 萬年以上。（推測性的，取決於開始時兩個 SL 質量有多大）。

現在進行第二次壓縮，結合能從質子和中子逐步過渡到量子族的基本粒子。 現在妮維雅塑膠球大小範例中的所有內容都是純基本粒子（即夸克族）的質量。 在這裡，4 個基本力對稱地組合在一起形成一個物質。 該物質的重量由位於每個核子中的希格斯玻色子決定。 如果這些夸克家族距離很近，則可以進行以下計算來粗略地確定該未知物質的重量。夸克族尺寸約 10^{-20m} 至 10^{-21m}，原子殼尺寸約 10^{-9m} 長達 10^{-10m}。

這意味著夸克族大約小 100,000,000,000 倍。 因此，它們在原子殼層中的長度、寬度和高度可以彼此相鄰 1000 億次。
這意味著作為一個圓球，1000 億 * 1000 億 * 1000 億 /4* 3.14 = 7.85^{32} 希格斯玻色子/ 17 個剩餘成員 =

4,631 個原子殼層單元聚集在空間中，該空間以前僅佔據任何材料的 1 個 X 的一個原子殼層，現在被壓縮。由於 90% 以上是氫和氦原子，因此必須扣除一個小因素。仍然需要考慮從核子到原子殼層的因素，因為所有元素都有不同數量的核子，這意味著原子殼層中平均有大約 3.1^{28} 個有效夸克族。如果把這個未知物質的重量寫在這裡，那麼大家都會懷疑這是否真的可以如此。因此，我的估計如下：由於電子是堅不可摧的，但與夸克家族成員的大小大致相同，因此它們之間應該有空間，這將使電子能夠充分移動。這些因素會以某種方式使這種未知物質的真實重量達到每立方公分數萬億至數萬億噸。奇怪的是，此時聚集守恆定律幾乎所有夸克成員都統一在 10^{-19m} 到 10^{-21m} 的尺寸上。這裡不會有中微子在起作用，因為沒有放射性衰變，因此由於重力（萬有引力）很高，所以不允許核融合。與我們地球上的情況相當；如果重力是原來的 2-3 倍，那麼就不會再有天氣，水也不會再蒸發。
讓我們假設太陽在第一個結合能步驟中像我們一樣運作，因為太陽核心中已經存在的不是質子和中子，而是通常仍必須結合在質子和中子中的基本粒子。（Q2 到 N2）由於電子與夸克一樣小，因此電子無法緊密結合，並且由於它們的運動，在太陽磁場的非常小的空間中產生令人難以置信的高電流。
SL 中的品質保證具有超導性，且電流損耗為零。其能力與 SL 品質相同。這就是太陽核心的樣子。核子在太陽核心上方形成，釋放出約攝氏 1500 萬度的結合能作為初級能量。
在下一階段，核子和電子在混沌理論中聚集在一起。不僅發生結合原子的過程，放射性過程也同時發生。最常見和最簡單的原子當然是氫原子，然後它可以透過鏈進一步稠合。氘的原子核中有一個質子和一個中子，氚也有一個中子。所有過程的控制來自太陽核心本身，其透過 β 衰變產生的高重力，然後可能也透過中微子調節太陽，以從核心持續供應能量。

由於光球層對流區的功能，第二個能量結合步驟在這裡進行。初級能量產生從質子和中子到帶有電子的原子殼層的躍遷。(N2 到 A2)然後繼續聚變步驟，邏輯上最簡單的原子氫也產生最多。在科學上，誤差分析是基於太陽的基本物質氫，這是不可能正確的。這對於太陽系的形成來說是不可想像的。我們所知道的所有元素都是在太陽中產生的，並且主要位於太陽系中。這些過程隨後穿過色球層進入日冕，帶有各種輻射的太陽風也到達地球並讓生命出現。今天，能量流僅以減弱的形式存在。因為直到閉合時間點，太陽系的形成仍然以較熱的環境為特徵，使行星得以形成。在關閉的時間點，所有從太陽噴出的物質都被外部更熱的氣體包圍。這個外部的熱等離子體和氣體地函可以被解釋為太陽所在的「容器」。因此，太陽的外輻射區域溫度更冷，溫度為 8-1000 萬度，這個更冷的氣泡一直延伸到柯伊伯帶。這意味著今天所有的行星和衛星都被重力困在這個氣泡中，並被驅動到受管制的物質分佈。但請注意，這仍然是透過聚集定律在等離子體和氣態中發生。今天，只有太陽質量的一小部分落在地球上。阿爾伯特愛因斯坦的這樣的分析如何將重力的合理性建立在時空曲率的基礎上，當時根本不存在行星，只有等離子體和物質氣體以及所有太陽。所以，沒有其他辦法，引力必須來自太陽。沒有其他東西存在。

8.) 能量補充及介紹性概述。

從不同的角度簡要概述 SL 質量中的能量充電以及後來的新太陽形成！ 因此，用幾句話概括的能量循環可以涵蓋 2000 至 1000 億年的時間，始終取決於碰撞中兩個 SL 質量的總質量。 每個小星係大爆炸都有不同的撞擊角度，由於混沌理論過程，這不僅可能而且肯定會對旋臂的結構產生影響。
在我討論這個問題之前，我想聲明沒有人檢查過或見過它。因此，它只能使用能量（質量、太陽等）從遠處進行分析，然後才能從中讀取痕跡。 此外，這種未知物質太重，無法儲存在地球上，更不用說在實驗室中進行檢查了。 它會像磚塊沉入水中一樣沉入地球的地面，甚至更快，這對我來說仍然是輕描淡寫的說法。 可能更像是空中有噴射推進的金條。
因此，需要一種可理解的能量流，以便弄清楚黑洞的作用；我還無法從迄今為止發表的科學研究中確定這一點。 它是透過奇點、視界、史瓦西半徑或時空曲率來模擬的。 當談到這個話題時，科學的想像力是無限的。 好吧，最好忘記這些奇怪的單字組合，專注於本質。 問題是：SL 品質有何用途？大自然在無數的 SL 質量中所做的事情肯定是有目的的，否則每個星系的中間都不會有這樣的一個。 從邏輯上講，SL 質量中不存在任何形式的光或能量釋放，情況恰恰相反，即 SL 質量內部的極端重力吸收（認可）能量。 這是一個重要的陳述，因為光不能存在於 SL 質量中；這在本質上是完全荒謬的，因為光總是意味著能量的釋放。 （核融合）要麼吸收能量，要麼釋放能量，兩者不同時存在，是一個悖論。 在天文時間裡，由於 SL 質量吸收質量而產生的不斷增加的吸引力最終將吸收它自己的整個星系，這是 SL 質量的自然任務，同時也是能量的循環流動。 就像在熱水迴路中一樣，循環泵帶有熱源。 現在，當只有一個看不見的 SL 質量在四處亂竄時—人們已經經常觀察到它—它也可以被稱為暗物質。在某些情況下，仍然有一些剩餘的太陽圍繞著 SL 質量盤旋，正如我們多次觀察到的那樣。事實上，這種觀測在數萬億個處於不同聚合階段的星系中一次又一次地發生，這是既定且可以理解的。這種暗物質現像也再次被詳細解釋。
從那時起，這個 SL 質量與另一個 SL 質量識別並進行交會只是時間問題，或者當它遇到一個尚未完全征服且不再通過中微子產生足夠反重力的星系時，然後再次展開，我們的太空望遠鏡有大量證據支持我的解釋。
所有太陽都以各種形式發射光和物質作為能量。這種能量可以產生生命，並遷移或流經、淋浴、洪水和污染行星，從而在數十億年後太陽慢慢失去其燃燒能力並越來越被 SL 質量所吸引。這就是星系的生命週期，生命在「其間」產生。
我們生活在這個充滿過去和現在所有研究的時代。根據尺寸的不同，會有不同的時間週期，直到 SL 品質不再有任何可認可的地方。即使如此，我們仍將其稱為暗物質，儘管它名副其實。根據循環週期，暗物質可能佔整個星系（包括 SL 質量）的 40-50% 或更多。兩個 SL 質量再次相遇並發生新的小大爆炸只是時間問題，這樣星系的生命魔法就可以重新開始。當這些 SL 質量相遇時，先前壓縮的來自 4 個基本力的能量再次透過太陽釋放。現在，這個循環再次結束，太陽釋放出光和物質作為能量，讓行星綻放生命，讓人們再次問自己，一切是如何形成的。

9.) 並非黑洞和太陽系的差異。

我們需要按照向我們展示的方式（而不是我們希望看到的方式）對宇宙中的能量流進行分類。如果使用牛頓定律錯誤地評估和觀察了星系的旋轉場，那麼暗能量幻想的出現就不足為奇了。 這只是一個小例子來介紹 SL 品質的工作原理。 正如牛頓定律所假設的，每個星系的銀河過程不能與太陽系過程進行比較。 這裡的錯誤在於星系的形成，更別說物理能量守恆定律了。 因此，在當今的生命狀態下，幾乎所有太陽都以大致相同的速度繞 SL 質量運行，這與從太陽中出現的太陽系相比，對於牛頓定律來說速度太快了。 在這裡，由於重力的原因，根據等離子體和氣體狀態之間的距離設定了不同的速度。 對於星係來說，情況完全不同，因為行星不存在反重力；這裡與太陽的永久距離是透過速度來維持的。 就星係而言，反重力由中微子提供，使星系遠離中心。 這項技術是經過精確規劃的，以便生命能夠在外太陽中發展。 然而，太陽隊的受害者離 SL 太近了。 它們並不是從一開始就注定是為了像我們這樣的太陽係而存在的，而是為了我們的生命而做出的犧牲。 由於內星系核心的高速系統，外星系的長壽命階段需要很長時間才能發生。 這是非常精確的控制，並且一次又一次地證明了自己。 我只是覺得大自然的安排真是太棒了。 我想了很長一段時間，這樣的事情怎麼可能發生，我一直在思考守恆定律。 簡直難以置信，甚至令人著迷。 不可能不是這樣，否則研究人員就不會為暗能量摸不著頭腦了。當今宇宙學中所流傳的一切，都是前後不一的，有最富想像力的考慮，也經不起絲毫的批評。

9.1.) 發展時期。

我想專門針對人類理解力的發展發表以下聲明。當我們回顧過去，然後將其推進到理解的時代時，我們發現我們越來越接近宇宙的秘密，這些秘密以前就被隱藏，但在我們人類出現之前就已經存在了。 今天，透過我寫的銀河世界公式的文檔，我們知道了我們周圍的宇宙在大約 14-150 億光年或更遠的距離上是如何運作的。 然而，目前還不清楚總質量是在哪裡以及如何產生的。 我相信，進化論的這一點將在未來的某個時刻被人類進一步發展。 在世界觀不明確的時候，不應該發表像大爆炸這樣作為整個宇宙起源的假說，因為這阻礙了真正的航向，從而有助於找到世界的正確起源。 它還會阻塞許多人的大腦，並向他們提供所謂「正確」的錯誤事實。 也許在這個時代，我們現在會滿足於一個物理上可以理解的版本，並且不允許任何幻想的考慮，宇宙學最終可以擺脫僵局，從而使無可辯駁的假設被削減，這樣人們就不會與現實相矛盾。其他。 透過這份文檔，我想設定重點，以便逐步推進我的想法。 天文物理學需要徹底重新思考。

對於 SL 質量，您只能邏輯地處理能量流，並詢問大自然它實際上想用它實現什麼。 如果你在不詢問能量的情況下思考一些奇妙的事情，那麼最終就會陷入失常。 一個很好的例子揭示了一個考慮不周的理論。 每個人都知道 SL 質量是什麼意思，它的引力非常高，甚至連光都無法發出。 嗯，它有很高的重力，這是肯定的！ 但這個怪獸球或 SL 質量的表面並不存在光，因為引力太強，無法發生核融合，所以無法發出光。 因為正如已經說過的，SL 質量吸收質量，它不會釋放質量！ 此外，光沒有質量，而是不受重力影響的光子包（量子）。 必須徹底接受這一點。 從邏輯上講，SL 不能同時認可質量和進行核融合（太陽風，發光）。 這將再次成為一個自相矛盾的系統並且不起作用。 如果真是這樣的話，就會違反幾個物理定律。 這是推理中的第一個嚴重錯誤，諸如史瓦西半徑、視界和奇點之類的表達式被簡單地遺忘了，因為SL 品質的工作原理非常簡單。

另外，它並不是最初假設的一個洞，而是一個壓縮質量，我們已知的所有元素的原子殼層都已溶解，至少所有核子都靠近在一起，在更深的層中它可能更進一步，所以也就是說夸克家族也是從核殼層的結合能中釋放出來的。 考慮到這一點,結合能仍然會增加，所有自由電子將可以自由地產生具有巨大電流的高共振，這導致場線濃度將達到 1020 特斯拉左右或更高。 這個磁場利用中微子的反重力產生了螺旋星雲臂,並從一開始就組織了星系的整個演化。 造成這種現象的原因是電磁力，它達到了我們人類無法完全想像的程度。
在原子殼壓縮和核子溶解的理論中，如前所述，所有四種基本力都是結合在一起的。 由於這種品質的工作方式，我們人類永遠無法接近這種材料，更不用說在實驗室中檢查它了。它太重了，以至於它不能存在於我們的原子世界中，它在我們經典的原子殼世界中絕不相容。

10.) 暗物質入門。

誤差分析也錯誤地計算了暗物質和暗能量這兩種類型的能量。如果假設一切都基於原子物質，即太陽主要由氫組成，而星系的 SL 質量是空穴，那麼它很可能是計算出來的。 我不想在這裡發表評論，因為這完全是無稽之談。 我的計算是這樣的：整個可見宇宙的總質量是所有物體的 100%。 可見物質是太陽以及所有行星和所有分子物質，無論其類型和形狀如何。 這可能會有所不同並導致宇宙中出現不同的情況。 由於可見質量多於不可見質量，考慮到兩者存在的壽命，我想估計 60-70% 可見，其餘為暗物質。 暗能量的能量是透過科學計算出來的，首先基於誤差分析，然後你必須從可見物質中計算或扣除這種能量（它們是中微子）。 由於可見物質中存在兩種類型的能量，獨立於質量（也獨立於太陽對行星的供應）、重力和反重力，這兩種能量會導致宇宙學的誤導。牛頓定律在星系中不起作用，因為重力是由 SL 質量中的量子力學引導的。 這裡的萬有引力定律與太陽係不同。 這是因為 SL 質量和太陽本身會產生很高的引力。 兩種由電力驅動的電磁體的比較。（銀河）太陽系只有來自太陽的強大磁場，它透過在我們的星球上產生渦流而產生重力，從邏輯上講，它要弱得多。因此，在太陽系中，引力來自於太陽，形成了行星上的引力。因此，這裡必須加以區分。定律 $E=mc^2$ 也不能應用於宇宙，只能應用於原子世界。這就引出了為什麼太陽不會以如此高的速度飛出銀河系的假設。因為會產生更高的吸引力。另外還有暗物質，它只釋放反重力用於探測，不釋放任何其他能量。宇宙中已經沒有物質和能量了，如果再多還有什麼意義呢？宇宙與這些能量一起運作，其他一切都是發明並基於想像。

10.1.) Sonnen 誤差分析。

電引力磁使星系從形成階段（圓形、氣態，橢圓星系或側手翻星系即將形成旋臂）轉變為旋渦星系。星系變形為旋臂也減少了可能的碰撞。裝修週期！（銀河系太陽系的形成）
太陽畢宿五的直徑是太陽的 40 倍以上，其核融合過程的輻射強度是太陽的 100 倍以上。因此，核融合的強度僅取決於太陽的大小。與星塵和氣體雲的形成無關，這樣的太陽不能透過重力產生。沒有物理定律允許這樣做。像畢宿五這樣的太陽在此之前很久就會釋放出數萬億噸的物質，然後體積會增加兩倍。那會如何運作呢？還有更大更亮的恆星，一旦核融合開始，質量就無法再被認可，僅僅因為這個原因，這樣的太陽形成理論從一開始就被排除了。這也是為什麼一切都指向太陽是透過與 2 個暗物質團碰撞而形成的，然後被壓縮的物質被分散，太陽系在同一時刻被太陽強迫物理形成。

我將 SL 質量中壓縮階段的結合能解釋為：A1 到 N1 / N1 到 Q1，然後在陽光下的減壓階段從：Q2 到 N2 / N2 到 A2。還附上了草圖。

10.2.) 超新星。

星系的中心總是有一個 SL 質量，它早已通過了壓縮過渡。所以它被壓縮給夸克的家人。地球上不存在我們透過原子殼所知道的原子元素。
超新星將是 SL 質量的開始，它可能是由兩個大太陽的碰撞引起的。在兩個太陽中，由於重力相對較低，從 Q2 到 N2 以及 N2 到 A2 的結合能步驟被釋放。然而，當超新星發生時，太陽的兩個大質量結合在一起，從而由於重力的增加而阻止了從 N2 到 A2 的結合能步驟。現在指定了 SL 質量的形成，第一結合能步驟 Q2 到 N2 也受到影響，（根據總重力）創建了 SL 質量。兩個太陽的原子質量都被重新認可。圍繞太陽核心形成的東西。這顆超新星的噴流可能起源於某種結合能相，並且不會導致釋放的能量完全停止。因為兩個大太陽碰撞引起的轉變過程不足以抑制 N2 上的結合能部分 Q2。
超新星的初始閃光隨後被氣體星雲相對較快地包圍，並通過遮蔽，隨著時間的推移降低光強度，但不會降低高伽馬輻射。有了這些現象，也必須考慮到，在善與惡的邊界區域的某個時刻，在群眾中，會發生這種奇怪的爆炸；這不能排除有如此多的可能性。這也可以被描述為 SL 質量和太陽之間的灰色區域。因為接口也必須在這裡的某個地方。
直徑超過 5000 光年的星系的 SL 質量比超新星及其物質的初始質量重超過一百萬倍。因此，在某個質量尺寸達到一定程度的時刻，SL 質量開始形成。根據能量痕跡，超新星可能只不過是兩個較大的太陽或其他物體（如中子星、磁星和其他任何有問題的物體）的碰撞。 我完全可以想像這是一個解釋。 所有類似的過程，如磁星、中子星、脈衝星、類星體等，我們人類幻想的名稱，都應該被歸類為星系中這種複雜發展的機率論無法避免的次級現象。 此外，我們看到這些壯觀的現象並給它們起了不同的名字，這對不對？ 如果太陽系的形成是星系的主要目標，那麼它們在太陽系的形成中扮演的角色並不重要。 稱它們為有缺陷的嘗試，其中某些參數未滿足。同樣的生理結構也可以在我們地球上的自然界中看到，浪費，過度誇張，這種性質在植物世界和所有生物中都表現出來，為什麼在宇宙中不呢？ 對我來說，這些考慮的管道顯示嘗試比學習更好，或者你也可以說：「它們是一模一樣的」。 機率就是一切！ 無論如何，猜測的大門是敞開的；更精確的細節可能會導致不同的假設。

10.3.) 系外行星。

閱讀完整本書後，您將能夠更好地評估可能支持像地球這樣的生命的系外行星的考慮因素。 每個人當然都有不同的看法，就像我們人類對一切事物的看法一樣。 但正如我多次重複的那樣，由於其嚴格的定律，相同的量子力學保證存在於宇宙中。 因為量子家族塑造了整個宇宙。 我所說的重複是指本書的整個上下文，因為許多事情在解釋中不能有不同的解釋。這些是框架條件，包含了我們的科學透過實驗確實發現的一切。 但正如你已經注意到的，錯誤分析和矛盾都包含在宇宙秩序中。 此外，現在正在尋找系外行星。 我的觀點是：像我們這樣的地球只有在以下條件下才能出現生命。 1.尺寸，如果太大，就沒有大氣，所以沒有水等。如果太小，也會發生同樣的情況。2.距離太陽太近，就會太熱；太遠，就會太冷。 數百萬年前，我們的地球變得更熱，因為空氣中含有過多的二氧化碳，現在化石燃料又再次釋放了二氧化碳。 數百萬年來，植物和海洋已經解決了這個問題，並成功地將其分解。 3. 然後是地球的自轉和自轉，因此蛋白質和所有生物物質可以透過天氣和溫度而發展。 4.月亮也很重要，否則就不會有潮起潮落。 如果滿足了這些基本要求，太陽就可以祝賀自己了。 5. 太陽的大小可能是決定性的極點。 一旦你改變一個參數，就沒有像我們這樣的地球了。 因此現在進行大小比較，以便它實際上適用於系外行星。 太陽的直徑約 140 萬公里，地球的直徑約 12,700 公里，因此太陽的直徑比地球小 109 倍。 如果現在電腦螢幕上的太陽直徑為 20 厘米，那麼地球的大小為 1.8 毫米。 當我查看任何系外行星的照片時，它們的大小是地球的 10 倍、12 倍或 15 倍。 例如，我們的木星只比太陽小 10 倍。 所以這些並不是正在尋找的潛在行星。所以這裡幾乎沒有任何成功的跡象。 但我們人性的幻想是開創性的。 也許偶然，就像哥倫布一樣，還有其他我們目前一無所知的發現。 我祝福所有研究人員都充滿樂趣並取得成功。

11.) SL 質量是如何構造的？ （黑洞 = SL 質量）。

在 SL 物質中形成這種未知材料的過程中，必須至少施加相同的能量，然後再反向釋放。 在我們的太陽中，這將超過 200 億年，在此期間能量輸出為 1.8^{29} 拍瓦/小時。 這裡不包括中微子能量；它的總和將小於 1000 倍，這可能導致暗能量的辨識。 此外，還有太陽釋放的一次能量，使得這兩種能量得以釋放。 這種能量轉換過程可以用壓縮來解釋，壓縮導致原子殼被重力破壞，即材料自身壓力的重力施加在材料本身上。 我們知道，原子核分裂會釋放出大量的能量，但更多的能量被用來製造原子核。 原子分裂後，原子核仍然存在，因此分裂過程中只釋放了一部分能量。 因此，核子和電子完全中性的壓縮過程需要比隨後釋放的能量相對更多的能量。能量守恆定律！ 這是使原子核進入正確位置所需的能量。透過將總質量壓縮到量子族中，所有基本粒子都靠近在一起並找到該過程最後階段的結合能。
上夸克和下夸克的大小在阿米計範圍 10^{-18m} 或中微子範圍 10^{-24m}，核子在飛米範圍的 10^{-15m} 範圍內是巨大的。因此，氫原子或任何其他具有壓縮潛力的元素的原子殼層中存在著令人難以置信的空間。 在 10^{-9m} 到 10^{-10m} 之間，原子殼層與夸克、玻色子、輕子、希格斯玻色子或電子相比是巨大的。
為了更好理解，想像一下！ 在 SL 質量的外殼中（約一光小時厚如地殼，核子都緊密堆積，電子都可以自由地繼續產生電磁力，因為電子總是活躍的。）類似於地殼中的情況殼層由核子和電子組成的品質。 在該層的更深處，大約 10 億公里的深度，核子上的壓力開始變得如此強烈，以至於質子和中子溶解，就像以前的原子殼一樣。 在這種狀態下，夸克家族成員是自由的，並形成中性平衡能量，能量被重力限制，不能像弱核力和強核力一樣活躍。 此層分佈可以粗略地與太陽周圍的層分佈進行比較。 由於這種變化，電子總是能夠適應物質的每種狀態。 無論是在原子殼層世界、原子殼層世界解體後還是在夸克族世界的狀態下，電子始終承擔著維持重力的任務，只需通過它們的運動即可。 電子永遠不休息！在同一空間中存在數萬億個電子，從而產生如此強大的場力線。 這是電子保持重力不可或缺的證據。 由於電子的大小與夸克家族大致相同，因此它們完美和諧地工作，以實現每個星系運作所需的高磁場強度。 我們現在處於量子世界，可以對電子的永久保存做出重要聲明。 電子不能以任何方式分裂、破壞或轉化，無論溫度或壓力多高或多低，它們始終保持電子狀態。 由此得出的一個合乎邏輯的結論是，電子構成了引力，並且必須為此負責。 因為在 SL 質量中，核融合不再存在，既不使用具有中微子產生和放射性的弱核力，也不使用具有質子和中子的強核力，因此兩者都不再存在。用通俗的話來說，你可以說；他們處於擱置狀態。它可以與水壩的攔水比較。大壩的頂部是被壓縮的夸克族，底部是發電機轉動後流出的水，就是我們的原子世界。在兩者之間，即落水管中，是太陽中的界面，即 QFT（量子場論）和 ART（廣義相對論）之間的界面。這是能量釋放的地方，我們在地球上還看不到，這導致錯誤分析認為太陽是由氫組成的。
現在只能理解為我們意義上的能量是由電子引起的引力，在壓縮過程中電子產生的引力可以達到 10^{20} 特斯拉或更高，從而形成直徑 1,000,000 光年的巨大星系。
此處實現了具有奇點表達的絕對夸克質量的最終能量步驟。重量增加萬億倍的超導物質已經出現。這是想像 SL 品質的唯一方法。這就是為什麼太陽擁有如此多的能量，可以持續數十億年。
考慮到引力作用下星系反覆形成以及碰撞結果的一個小證據顯示：整個宇宙不可能發生大爆炸，但今天，新的星系每天都在宇宙的不同地方形成。這違背了整個事情的大爆炸理論。整個宇宙的大爆炸版本最終將完全停止，而這更不可能，因為根本沒有任何跡象。因為如果沒有能量循環，宇宙在邏輯上就會陷入停滯。你可以說電子產生重力，因此是一個自我再生的能量引擎，永遠不會因為重力而停止。這不是永動機，而是宇宙作為一個封閉的空間，能量守恆定律規定能量不會消失或增加，所以宇宙中的能量始終保持不變。
空間擴張同樣容易受到質疑，聲稱它是有意義的，因為你希望它是這樣的。這裡我們假設一個原點，或者更確切地說是整個氣體？突然冒出來什麼？當然，我們再次處於這一切的中間，就像數百年前太陽仍然繞著地球旋轉一樣。

我所聲稱的太陽誤差分析主要來自數學能量計算，而這些能量計算無法在太陽核心質量中計算。我的疑問與透過計算太陽常數而產生的太陽質量拋射有關。因此，根據公式 $E=mc^2$，太陽的質量損失應約為 400 萬噸/秒。平庸的是，著名的配方不能在陽光下使用。相對於總表面積，大約 1 平方公里的質量約為 0.65 克。(3,14*d2) 這根本不可能是真的！我沒有可信度的傾向，僅從考慮因素來看，一定是缺乏精力而沒有考慮到。這就是為什麼太陽不是由氫構成的。
同樣，根據 400 萬噸/秒計算出包括小行星帶和柯伊伯帶在內的太陽行星總質量約為 4^{27} 公斤。進入不可能的事。然而，如果以 400 萬噸/秒左右的速度運行 100 億年，則重量約為 1.26^{27} 公斤。這接近目標結果。現在所缺少的只是奧爾特雲的品質。由於形成過程漫長，我估計奧爾特雲的質量至少是行星總質量的 10 倍，大約是 4^{28} 公斤。因為它是太陽系周圍最豐富的區域，凝結形成時間最長。根據我對太陽系形成的版本，這很大一部分可能歸因於物質入侵，導致初始速度減慢。這也是銀河常數的一部分。當太陽的密度官方給出為 $1.4g/cm^3$ 時，我們應該如何並且能夠得出一個合理的計算呢？實際上，太陽核心的密度可能為 $9^{16}Kg/cm^3$，甚至更高。因為它不是由氫製成的。因此，所有基於宇宙中存在氫的計算都是錯誤的。
不要忘記中微子能量，它的能量是太陽能的 1000 多倍，這將導致總質量排放量約為 40 兆噸/秒。找出更現實的假設。即每 1 平方公里約 5 噸（不是 0.65 克）或每 1000 平方米約 5 公斤，則 1 平方米=5 克/秒。這可以透過一種可信且可理解的方式來認識。

大爆炸的縮影只能被理解為它是為了星系的重組而發生的。（參見示意圖：宇宙尺度。）這些過程可以連續觀察到，就像星系的完全溶解一樣。 然而，由於這些過程持續數百萬年，因此您只能看到當前的發展階段，時間延遲取決於距離。 甚至整個星系團都顯示它們以前是兩個巨大的星系。
或者人們應該認為，從太陽創造出一個原子殼世界，然後用這個太陽系為地球帶來生命，讓我們能夠生活在其中，這是一種巧合。 不！ 根據能量流，這不是巧合，而是物理最終結果，透過機率原理，總是導致太陽系具有相應的太陽大小。
簡要總結
當您問自己 SL 品質的問題時，您很快就會發現自己被自己的想像所困。 只有當一個人每時每刻都意識到永遠不要讓自己偏離宇宙能量流的最高法則時，才有可能在這裡追求清晰的思想。 無論研究人員想出什麼辦法，蟲洞之類的東西都不再是幻想。
它已在各個章節中進行了描述，這裡是一個簡短的版本。
SL 並不是一個洞，儘管它看起來像一個洞，或者更確切地說，因為我們希望這樣看它。 它是一種壓縮物質，我們以前的原子世界就是由它所組成的。 所以同樣的材料，只是結構不同。 不再有核砲彈，不再有弱核和強核。 也沒有中子和質子，只有夸克族，包括電子。 密集排列，以便所有電子都可以將其功貢獻給重力。 這種物質是液體還是固體，或者已經呈現出某種其他狀態仍然是猜測。 我的意思是，它是一種具有承受百萬公里/小時碰撞的結構能力的類型。 以這樣的方式形成：數萬億個球、塊或任何東西，形成太陽，然後釋放能量數十億年。

12.) 黑洞質量的再生。

在我的理論中，引力會產生巨大的引力，導致星系中的能量再生。 在這裡，來自我們原子世界的所有 4 種基本力（正如我所說；在我看來只有 3 種）透過 SL 質量中的引力結合在一起。 SL 質量中的引力將圍繞它旋轉的所有物體拉向自身。只是時間問題。 這種不同物理狀態下物質的永久吸收不僅增加了重力的增加，同時也增加了 SL 質量的電磁性。 （這意味著：3 種基本力量！）這兩種基本力量是一體的，不可分割，或更好的是堅不可摧。 SL 質量中記錄的主要是質量的引力、各個發展階段的恆星，也可以包括較小的 SL 質量。所以一切，直到最後的計算，直到最小的氫原子。 在完全吸積時，什麼都沒有剩下，SL 質量周圍形成完全真空。 SL 質量則完全不可見，其目的不是以任何方式釋放能量。 由於其重力，表面必須如此光滑，這是我們在地球上永遠無法實現的。 是無法協調的。 只有在喚醒一個新星系時，其他 SL 質量上透過重力產生的場力線的吸引力才會保持不變。 這就是星系形成、誕生和死亡的意義。
當我們詳細了解這個過程時，我們就能確切地知道銀河生命是如何形成的以及宇宙是如何運作的。 太陽系的結構與星系的結構有根本的差異。 牛頓定律適用於整個銀河系，因為它們是電子的基礎。 然而，廣義相對論只適用於原子太陽系，不包括太陽核心。 公式 E=mc2 與 SL 品質不相容。 因為量子和原子世界之間的界面上的能量比例不同。

13.) 世界公式的介紹性解釋。

每個星係都是自給自足的，並且與其他星系相比，僅在質量大小和時間發展階段不同的情況下發揮作用，這僅由質量大小引起。 因為我甚至不想知道這種解體和改造的過程已經發生了多少次。 現在可以命名的每個數字都有一個開始，但沒有結束，而物質的真正開始是什麼，我們可能在本世紀都無法發現，更不用說在未來找到了。 宇宙自然也會對此進行精確的計劃。在我繼續介紹性陳述之前，必須忘記很多想像、假設模型和人類的廢話，否則你將無法到達真正的起源。我為什麼這麼說呢？好吧，以我們親愛的太陽為例。大家都知道太陽的主要成分是氫和少量的氦，當然，如果學校裡教這樣的東西，那麼人們以後還會繼續相信它，它會像胎記一樣伴隨一輩子。每個人都會伴隨著它長大，在某些時候它不可能是任何其他方式，你不假思索地接受它。但是，這真的是事實嗎？可以有所不同嗎？這正是世界公式所揭示的，你自己決定幫助應對氣候變化，這與我們所有人有關。這就是關鍵所在，以便可以設定重點，以便更有效、更快速地前進。

13.1.) 介面中的世界公式。

當你想到世界公式時，你可能會想像一些極其複雜的東西，但它很簡單，無非就是將所有 4 (3) 個基本力組合成一個整體（真的有 4 個基本力嗎？），從中你可以得出結論我們可見的世界是如何在一個有著不可見現象的星系中創造出來的。當然，這是從我們科學家講的角度來看，每個研究者都必須按照要求來實施。這裡有一個非常小的錯誤。如果我們從 ART 中看到 4 種基本力，那麼這是正確的，但在作為宇宙物質起源的量子世界中，4 種基本力必須進行不同的區分。這意味著：雖然所有 4 種基本力都存在於量子世界中，但它們已經被重力轉化為 SL 質量，因此只能被辨識為量子。在重力作用下，電子會保持這種狀態，因為它們不可破壞或可轉換。因此，電子無所不在，無論是在量子世界還是在原子世界。它們是一切的基礎，沒有電子就不會有重力，在原子世界中就不會有包含所有原子結構的元素週期表。

如果你知道這個結構是如何運作的，一切都會變得非常簡單。這不僅適用於銀河世界公式，也適用於其他一切，這就是人性。每個人都知道這意味著什麼，並且自己也經歷過好幾次。但首先要形成想法並提出它。

當然，我想維持我們科學的物理發現的無可辯駁的框架，同時考慮到由於未知的 SL 質量而導致的一些定律尚不存在。然而，由於我的想法，我有時會遇到一些限制，這些限制可能在未來的科學層面成為正式現實。歐洲核子研究中心的大型強子對撞機正在順利進行中。我認為，這裡不能證明 Q2 到 N2 和 A2 的結合能的釋放。這將是量子物理學超級專家的任務。然而，已經做出了近似值，但還沒有具體的說法。廣義相對論和量子理論都無法容納在一個可理解的科學世界公式中；我們只是處於宇宙學標準模型危機階段。我從一些數據中知道，量子和原子之間一定存在一個過渡點。但是，老實說我無法用公式證明這一點。這個公式，就像公式 $E=mc^2$ 一樣，應該被認為是次要的，因為量子和原子現像在人類出現之前就已經存在了。然而，在我的世界公式中，相容性是將兩種基本理論的共存視為對稱統一體。當地球還是平的時候，情況是類似的，科學層面上對地球的突破花了 200 多年。當然，今天，情況已經完全不同了，但原則上卻幾乎是一樣的。至少今天你不再被嘲笑了。地球是圓的，當時沒有人可以反駁這個真理。不過，我的星系世界公式理論有了這樣的改變，難度就提升了許多倍。

高素質的核物理學家和核融合領域的專家是麵包中的奶油，甚至是整個麵包？地球上核融合產生能量是對永動機的嘗試，這是我明確的聲明！這個結果透過我對世界公式的解讀就變得一目了然了，一切都反對核融合反應器發電，那是肯定的！因為原子已經完成，為了能夠形成，它們需要來自 Q2 到 N2 過程的結合能。如果要在地球上再次進行聚變，那麼您需要能量來啟動該過程，這就是您用於該過程的能量。最終，你得到的能量總是比你使用的能量少。這就是為什麼我在氣候變遷之前提出這個問題。在任何更重要的時間過去之前，我依靠量子感測器和大型強子對撞機，它們也許能夠對太陽核心進行精確分析，以支持我的理論論證，並最終澄清核聚變幻象的奇觀終於到來從而為再生能源投資掃清道路。美國宇航局也非常忙於研究太陽的確切過程；這是否會產生任何結果還有待觀察。而不是依賴 ITER 或其他聚變發生器。

美國太空總署和歐空局的最新研究瞄準了太陽，這裡一定會有突破，而且不會花太長時間。透過提出這個世界公式，所有四種基本力都對稱地形成一種力；我不知道有任何模型範例可以與此相媲美。由於它非常接近量子鉻動力學，我將其稱為量子動力學的引力壓縮。（正如我所說，我質疑 4 種基本力量）親愛的讀者，你決定吧。也是次要的，無論是 4 個或只有 3 個基本能力，都保持原樣。

當統一時，第一個最弱的基本力（重力）接管了弱核力的等級，然後是強核力和電磁力作為管理，簡單地控制一切。因此，引力和電磁力是不可分割的，就像身體和靈魂一樣，雖然科學將它們定義為獨立的基本力，但我們人類卻簡單地將它們解釋為獨立的現象。（參見重力）實際上，這個錯誤導致尋找不存在的引力子，（為什麼不呢？）就像考慮暗能量的太陽旋轉速度時的錯誤一樣。這一切在世界公式或各種文本中都清楚易懂地揭示出來。

SL 質量中的重力甚至改變了 3 個（而不是我的意思是 4 個）標準基本力的結合能的相互作用，進一步對稱地形成一種力。在這種高壓下，原子殼層被溶解，更進一步，核子也被溶解，因此只剩下整個夸克家族。這裡只有由於 SL 質量的重量而產生的重力，它是由電子激活的。SL 質量的 1 cm3 在地球上的重量將超過 90 兆噸。您必須考慮 SL 質量的整體重量。

電子被擠壓到如此小的超導空間中，並且全部自由地產生至少 10^{20} 特斯拉或更高的場力線推力。當然，隨著 SL 質量（星系）的增加，這個值會繼續增加。這是透過這種壓縮產生如此巨大能量的唯一方法；氫作為 SL 質量和太陽的基本材料是不可能發生這種情況的。無論如何，氫的定義不能構成這裡的基礎。太陽也不可能是由氫創造的。根據熱力學定律，這在原子基礎上是不可能的。
為了深入研究世界公式的這些深層基礎，要理解宇宙中的兩種物質有兩個非常基本的要求。一方面，SL 質量和太陽中的物質。這種物質對我們來說仍然是未知的，只能透過能量流來辨識。它包含量子家族，還是 4-5%？核子的內容物，然後被重力壓縮。只有在這種狀態下，所有夸克成員才會透過重力緊密地堆積到 SL 質量中。我們永遠無法在實驗室工作台上以這種物理狀態檢查它們。它完全被壓縮並且太重了。因為如果沒有這種束縛能量鏈，任何星系或暗物質都無法自我復興。就像我說的; 也許透過量子感測，這個世界公式理論的科學證明可以在某個時候被正式證明是正確的。即使這些資訊被轉發給正確的人，新的衝動想法也可能為大型強子對撞機的調查帶來成功的前景。親愛的讀者，支持這個世界公式並比較維基百科中物理學和宇宙學未解決的問題。您會注意到，不僅發現了大量問題，而且透過適當的分析，一切都得到了解決。使用連結將這本書轉發給所有認識您的朋友和熟人；最終對氣候變遷採取建設性行動的時間很可能會更少。在這裡，核融合幻想的很大一部分旨在從政治上應對氣候變遷。因為透過氣候變遷的概念，我透過有缺陷的核融合理論發現了世界公式。絕對是清楚的！它不可能是氫，這是太陽產生核融合主要能量的方式。氫的結合能從何而來？也許是來自熱氣體雲？誰該壓縮這種氣體？能量守恆定律！也是我們所知的膨脹性最高的氣體。這裡的一切都違反熱力學能量定律！ 您不需要更多問題來進行分析。 由於太陽（進一步解釋太陽系）必定是由 SL 質量產生的，因此它的核心自然由與大質量 SL 相同的物質組成。 我們所知道的另一種物質（來自元素週期表）是原子物質，僅由太陽以及所有行星和所有配件，直到奧特雲產生。

我們知道物質的物理狀態向我們展示了它所處的狀態。 根據溫度和壓力比，原子世界（太陽系）存在氣態、固態或液態；另一種元素只能透過核融合、同位素衰變或核分裂產生，否則該元素只能透過放射性過程變化。 很高興從核素曲線中看到元素如何非常簡單地構造自己；在陽光下，不斷有更多的 +β 和-β 衰變，以便更接近穩定的原子。 這裡是中微子的滋生地，2015 年中微子被證明是質量載體。 因此，它們在所有太陽中都充當反重力的作用，這導致暗能量的謬誤暴露。

圍繞太陽形成的所有天體，包括奧爾特雲，都是由太陽風的這種物質產生的。 日光層最初也是奧爾特雲的形成區。 所有這些物體，無論我們如何稱呼它們，都是由太陽產生的。（參見行星形成）這只有透過比例尺的例子才能變得清晰，即使你不是天文專家也能認出它。 如果我們將星系直徑從 100,000 LY 減少到 1000 公里，我們的太陽系直到柯伊伯帶的大小只有鷹嘴豆大小，直徑約為 15 毫米，而地球距離太陽約為 0.157 毫米。 下一顆星星距離我們只有 43 公尺。 大約 140-150 億年前，情況當然完全不同，但這說明了一切。

簡而言之：太陽為自己的位置而戰！ 當然，這只有在許多其他太陽的幫助下才有可能實現，直到我們今天可以觀察到的所有太陽都在給定質量的軌道上。 其餘的部分在很久以前就被 SL 質量通過不足的距離、速度或方向吸收了。 我估計廢品率超過 80-85% 或更高。

在太陽之間只有奧爾特雲，在我看來，它擁有所有或幾乎所有的太陽。 在太陽系形成之初，它是物質物質的保護罩。

只有當溫度均衡時，因為數十億年來形成的太陽系外部的溫度要高得多。6-70 億年後，碰撞後出現了一股衝動，奧爾特雲的凝結塊慢慢被驅逐出去。（參見奧爾特雲的解釋）奧爾特雲給我的感覺就像一個蛋殼，即對內部的保護，以建立不受干擾的太陽系，歷時數十億年。

當觀察原子的結構時，發現原子殼層是透過弱核力與電子結合在一起的，因此是可壓縮的。SL 質量中的引力可以透過自身引力戰勝弱核力和強核力，溶解殼層。甚至核子也可以被引力破壞，剩下的就是奇點以下水平的夸克族。因此，所有 4 種基本力組合成一種緊湊的力。由於物質的聚集狀態取決於溫度和壓力，這是由於 SL 質量的巨大總質量而形成壓力的唯一方法。（參見未知物質）溫度可能在這個 SL 質量中起著次要作用，但也考慮了高度集中的電流，它通過自由電子建立了超強磁場，並且作為超導體，可能達到相應的溫度。想像熟悉的電子圍繞著直徑 50、80 和 100 公尺的原子核的軌道，如果以足球場上原子核（核子）作為米粒的撞擊點為例，大小和電子大小在看台上呼嘯而過的細菌。米粒中的 0.004-0.005% 是量子族質子和中子建立的純淨成分。由於質量密度的原因，SL 質量肯定會成為超導體，它會產生我們無法想像的高電流和磁場。這當然也是自然藍圖的一部分。地球上以雷暴形式爆發的閃電在 SL 天氣中強數萬億倍。這會產生磁場或重力。這種現象磁場只有由自身質量與引力形成，才能達到 SL 質量將引力延伸到 10 萬光年以上甚至更遠的狀態。星系的直徑可達 1,000,000 光年。就使用氫作為主要能源的想法來說，這是絕對不可能實現的。如何從氫產生這樣的能量？這些能量從哪裡來？即使在雷雨天氣，羅盤也會劇烈擺動，那隻是因為磁場的緣故。現在你必須想像這場雷暴的強度增加一萬億倍，質量增加四萬億倍，密度更大，然後你對導致重力的力量有一個粗略的了解。 但這對於宇宙的運作是必要的。
這種結合能的邏輯可以在宇宙中透過分析來辨識。 對此進行如下解釋。 SL 質量由最大壓縮物質組成，沒有核子，但密集地堆積為夸克族。 （核子的 0.004-0.005%）這裡我們的尺度約為 10^{-20m}，電子的大小為 10^{-19m}，中微子的大小為 10^{-24m}。在這種聚合狀態下，由於高重力和自然智慧的預定計劃，沒有光，沒有核聚變，沒有任何形式的能量損失。 人類已經從自然複製了很多東西，這是不相信阿爾伯特愛因斯坦的時空曲率的創造性藉口的另一個里程碑。 （重力如此之大，甚至連光都無法發出）。 因為？ 如果 SL 質量中不存在光，那麼光如何從其中發出？ 就像重力透鏡效應完全是一種光學錯覺一樣，或是隱藏著其他錯誤的原因來愚弄我們。 這種透鏡效應是中微子（來自行星的分子氣體）之間的混合物，然後形成一種棱鏡來分裂光線，這也以海市蜃樓的形式欺騙我們。光不會透過引力相互作用，這一點最終必須被理解。 不管你看到什麼。 許多人也見過外星人。 他們絕對存在！ 但他們不能來找我們。
這裡有一個簡短的樣張閃光，也有詳細的解釋。 數十億年後，SL 品質幾乎已經認可了自己，並且它周圍僅存在單個太陽（可以說是最後的太陽），我們將 SL 質量視為暗物質。 如果不再有太陽，這個 SL 質量就看不到，因為它只被從質量到重力產生的電磁場線包圍。 沒有辦法定位這些黑暗現象。最多是這樣的：想像一個直徑 25 公分的鐘平放在桌上。 在這個時鐘的中間有一個網球。 如果你現在從 10 公尺外看時鐘的邊緣，時鐘的 6 在前面時鐘的中間，那麼從 11 點到 1 點你就看不到後面的東西了。網球。 如果從我們地球的角度來看，大約有 2 到 3 個太陽的軌道高速繞著 SL 旋轉，這樣軌道就發生在太空中，就像錶盤上那樣，你必須測量太陽的速度，然後當它們 SL 質量消失後，測量它再次變得可見所需的時間。 在時鐘範例中，該時間為上午 11 點到凌晨 1 點。然後你可以計算出暗物質的直徑。 然而，我們需要很大的耐心，直到這樣的星座出現在我們的視野中。 但這並非不可能。這將是我們觀星者的任務。

根據機率原理，存在 15-20%或更多或更少的暗物質，即現有的星系將在某個時刻再次發展，然後以我們所知的擁有數十億個太陽的可見星系的形式存在。 這是一個永恆的循環，對應於星系大小的 1000-1000 億年壽命或更長。 但誰知道呢？這樣的發展是不可能跟得上的，你沒那麼老，需要幾千代才能在這裡取得根本成果。 這就是為什麼你只能粗略地估計不同的發展，以便使用這種化學反應得到一個想法，如本書所述。

當星系透過其他暗物質膨脹時，數萬億個太陽在夸克族層級上與這種物質一起溶解。 這次碰撞將兩個 SL 質量溶解成數萬億或更多的固體或液體形式的「碎片」。 我不知道，誰知道，但我更傾向於液體物質，它會因重力而變形，並且由於高重力而必須發展成圓形太陽。 因為所有的太陽都是圓的。現在你可以看到星系中更多的能量痕跡。如果單一碎片太大，它們會以小的 SL 質量留在軌道上，或者它們也會形成帶有少量太陽的矮星系。 它們甚至存在於星系外軌道，或更遠的星系邊緣。透過馬車輪星系，你可以非常清楚地看到未來如何形成這樣的東西。 大多數都變成了大小不一的太陽。 能夠開始核融合階段的太陽塊失去了來自 SL 質量的高引力壓力，現在其自身質量更小，可以開始建造它們的太陽系。 這可以被描述為一個常數。 它們會因核融合而自動點燃，或被 SL 質量體摩擦碰撞產生的極熱驅動或點燃。 但前提是它們處於墜機造成的數百萬或數十億的炎熱環境中。 （參見此處太陽系）透過失去先前的強大引力，結合能 Q2 到 N2，然後

N2 到 A2，夸克家族到核子和核聚變（對於所有元素）的釋放過程被預先編程為下一個結合能腳步，再也無法停止。太陽被創造了。此時此刻這裡持續了數十億年，SL 質量的 4 種基本力分佈成數萬億個碎片或碎片，你可以說這是一場星系大爆炸，但只是針對一個星系，而不是整個宇宙，（參見草圖比例宇宙）因為那將是純粹的幻想！你必須擺脫理論，它是騙局。然後，這些太陽在銀河系中形成熱物質雲和等離子體的構建塊，從而產生像我們這樣擁有生命的行星。如我們所知，第二個結合能階段作為初級能量在太陽外核中釋放，而核融合過程從太陽核心周圍開始進入外日冕，但當然在不同的條件下。太陽的保存和初級能量來自於 N2 上的結合能階段 Q2，A2 上的結合能階段 N2 是我們所知道的元素的形成，包括放射性元素，以及原子世界的開始，這就是這裡的一切由..製作。解釋不同；從 Q2 到 N2 釋放的結合能是從 N2 到 A2 產生的所有進一步核融合過程的基礎。因此，地球上的核融合發生器無法產生多餘的能量。我們地球上沒有這種能量來進行核融合過程。

可以說，SL 質量憑藉其引力，透過引力「充電」了先前認可的原子物質（A2）。就像在我們的地球上一樣，能量是透過重力產生的。想想水（太陽能）的蒸發，然後在高海拔地區降雨，建造水壩，透過發電機利用水的重力產生能量。上方水壩 = SL 質量 Q2，從上方到發電機的落水管 = 夸克到核子 N2，發電機 = 太陽產生的熱量 A2。現在我們星球上的人們正在嘗試利用發電機後流出的水來驅動發電機。管道中沒有壓力，這就是為什麼核融合產生能量不起作用的原因。聚變時刻必須提供攝氏 1 億度的人造能源。在這個範例中，必須使用強大的水泵產生高壓，以便發電機可以再次運作以產生能量。如果我關閉泵，發電機就會停止。同樣，當不再為聚變提供熱量時，核融合就會停止。這一切都已經發生了，實驗也已經證明了這一點。那麼所缺少的就是頭腦。必須施加什麼能量來破壞核子以使夸克族獲得自由，在回饋過程中釋放相同的能量。（記憶範例；足球場中的原子殼與一粒米的接觸點）這意味著在 Q2 到 N2 結合能階段，夸克族融合形成核子，然後核子在 N2 到 A2 結合能階段融合進一步聚變形成氫、氦等的相是偶然形成的。最終我們擁有了生存所需的所有原子。在這裡，（Q2 到 N2）結合能的回饋也是強制性的（我們記得 $1cm^3$ = <90 兆噸），它為進一步的核融合提供了主要能量。正如我所說，這就是為什麼核融合無法在我們的星球上產生能量。在補充足夠能量的情況下，它只能發揮片刻的作用。但絕對不會增加能量！（能量守恆定律）我所說的數學失敗是指 SL 質量中的結合能相從 A1 壓縮到 N1，再從 N1 壓縮到 Q1。據我所知，還沒有為此計算能量常數或數量級。也？它甚至還沒有達到科學水平。我自己認為數學在這裡是次要的。我們只需要知道它是如何運作的，然後將這個原理以數學方式寫在紙上。其他人應該這樣做，我不喜歡那樣。太陽過程讓我頭痛的是從 Q2 到 N2 再到 A2 的回饋融合過程中太陽停止照射的時間點。所以當太陽在天文時間慢慢消失的時候。我的第一個理論肯定是引力。我無法從能量痕跡中判斷到底發生了什麼事。不過，我懷疑可能與 Q2 到 N2 的溫度有關，而這個溫度是由中微子控制的。就像地球上的人工核融合一樣。由於從 Q2 到 N2 的能量缺失，核融合就此停止，沒有任何進一步的過程。與這個過程平行的是，重力繼續下降，太陽膨脹到一定程度（但不是核心），以至於氣態行星蒸發，就像我們地球上的鐵行星一樣。但地球上的生命注定在數百萬年的不被注意的情況下滅絕。我們沒有註意到任何事情。或者氣候變遷已經開始？

不能根據我們星系中可見觀測的能量痕跡對這些事件進行不同的解釋。 或者，親愛的讀者，您有更好的理論嗎？ 例如，紅巨星就是這樣的現象。由於重力減小，它們膨脹非常緩慢，吞噬自己的行星，在某個時刻，太陽的融合層中會出現一個物質星雲，並膨脹到相對較小的尺寸。 蟹狀星雲或鷹狀星雲的口徑不同，很可能是由其他現象形成的。
結合能回饋中為何存在兩個結合能相，分析原因如下。
如果只有一個結合能相（夸克與原子殼），太陽就會在核融合一開始就爆炸，或者在理論上它會完全燃燒而不留下任何殘留物。然而，之後有中子星或磁星，所以一定有兩個結合能相，因為能量是無法欺騙的，痕跡表明了這一點。 換句話說; 第二結合能由夸克家族保留，它必須非常緊湊，並且只能透過碰撞而被摧毀。這就是為什麼 N2 到 A2 的結合能因重力太小而膨脹並飛散的原因，因為按比例來說，在重力較小且太陽變大的情況下，從 Q2 到 N2 不存在平衡。 這裡的比例不再正確，剩下的是中子星或磁星，其引力相對較強，正是由於緊密的夸克族。 大多數氫和氦都在膨脹的雲中，但從來不在核心本身，這就是太陽在天文時間內膨脹的原因。這個膨脹過程將發生得非常緩慢，直到太陽的日冕及其子層變得如此之大，以至於摧毀它的行星，然後漂得越來越遠，就像以前的太陽風一樣，但具有巨大的分子和太陽風雲。 剩下的是中間有一顆中子星的星雲。這個過程需要數百萬年。 也有可能根本不會爆炸，但太陽日冕的膨脹會以高速（100 公里/秒？）飄散，我們幾乎無法測量。 你必須觀察天空一萬年，然後星雲就會比以前稍微大一點，這個過程發生得非常緩慢。 一些紅巨星正處於這個階段，已經將自己的行星轉化為氣體，並將它們納入物質雲中。可觀察到的爆炸是無法避免的不受控制的碰撞。
有了這個粗略的概述，你大概就知道是什麼意思了，但是對於這本書的大多數讀者來說，夸克家族是一個未知的東西。我想對此進行改進，以便讓大家理解這個理論的可能過程，好讓大家可以想一想就更明白了。對我們來說，壓縮鐵或鈦鋼是不可能的，但如果你看原子殼的尺寸，那麼原子殼的尺寸約為 10^{-9m}。 這就是原子殼的外部尺寸，現在可以用原子力顯微鏡觀察。 然而，核子要小一百萬倍，即 10^{-15m}，中間的空間是空的。 如果用小一百萬倍的核子填滿這個空間，則可能有大約 785 千萬億的空間。 由於我們的元素具有不同數量的質子和中子，您必須將其除以物質的質子和中子總數（原子量），然後得到鈦鋼的緊密排列的核子數，在這種情況下幾乎約為. 15 兆個原子核。 這是之前有鈦鋼原子殼層的空間，現在這個體積的鈦鋼原子殼層裡包含了 15 兆個鈦鋼原子核，電子也得在殼層裡。 但這很小，因為它們比核子小 1,800 倍左右。 這將是 A1 到 N1 的結合能步驟，N1 到 Q1 的結合能步驟將再減少 1000 倍，大小為 10^{-19m} 的上夸克和下夸克。 其他家族成員佔夸克、底夸克和頂夸克再次縮小到 10^{-21m}，即再次小了近 1000 倍。 絕對殺手是中微子的大小在 10^{-24m}，比頂夸克還要小 1000 倍，但它們並不存在，因為弱核力和強核力已經被引力削弱了。 但現在它正在發生，來自夸克家族的中微子最終將透過-β+β 衰變而停止，預示著太陽燃燒過程的結束。 電子的數量級大致相同 10^{-19m}，大致為上夸克和下夸克。 僅憑尺寸比就迫使我們認為這是基本物質穩定其起源的地方，而未知物質就是由它組成的。現在你可以說，一個質子或中子可以容納大約 100 萬個上下夸克。由於費米子、輕子和玻色子比上下夸克小 1000 倍，因此達到了 Q1 結合能。 事實證明，電子是穩定的，既不能被分裂，也不能被破壞，就像夸克家族的其他成員也會有相應的表現一樣，沒有什麼可反對的，而是說明電子不能被改變，因為它們是重力的來源，因此無論物質處於何種狀態，它們總是活躍的。 這種引力結構很難區分盤結構中的太陽質量和 SL 質量。 設計上一模一樣，從能量痕跡上就可以清楚看出。 這然後導致同一物質的識別。只有有了這樣的材料，太陽及其行星才有可能在數十億年的時間裡不斷積累，然後在數十億年的時間裡持續釋放能量。 透過這個能量循環，太陽在 SL 質量中的死亡和重建的痕跡無可否認地導致了新星系創建的不斷重複的過程。 如果你問自己，我們人類存在過多少次了？ 或者大自然每次對我們的塑造都略有不同？ 在這樣一個化學商業廚房地球的機率原理中，很可能只是一個有足夠時間的組合問題。

13.2.) 星系的世界公式。

這個世界公式在我們當今時代具有開創性和革命性。宇宙研究終於取得了突破，這是另一個里程碑，而且非常重要的是，找到了應對氣候變遷的正確方法。我想向數以百萬計或更多的氣候活動人士發表講話，他們正在採取不負責任的行動，試圖透過反對氣候變遷的示威來實現某些目標。讀到這裡的每個人都應該知道我們在這裡面對的是什麼樣的能量怪物。粗略估計，這大約是 150 平方公尺的石油，我們排除了 150,000 平方米的天然氣和 250 平方米的煤炭、木材和其他東西。目前，世界各地每秒都在燃燒這些數量的氣體。這應該讓你思考。這是我想揭開世界公式的主要原因。這就是我產生這個想法的原因，因為想出一些以前沒有人想到過的東西確實不容易。2015 年的消息讓我受益匪淺，因為人們發現中微子具有質量，因此攜帶能量。
這是一個非常簡短的總結，因為一切都已經解釋得很好了。在解釋宇宙的大小之前，先介紹一下我們用望遠鏡能看到什麼。如果我們的銀河係有 CD 10-12 公分那麼大，那麼我們用望遠鏡可以看到大約 15-20 公里以外的地方。想像一下，站在一座山上，即使在理論上，也能夠從各個方向看到地球。每隔 2 米或 3 米、4 米或 5 米，甚至有時更短，眼睛所能看到的地方就有一個星系。它們有各種不同的尺寸，直徑可達 100 萬光年。在這數萬億甚至更多的星系中，我們的星系只是一個擁有大約 3000 億個太陽的小星系。都有不同的發展階段。你認為這一切都是憑空而來嗎？
這個世界公式告訴我我們的銀河係是如何生活的，我們從銀河系的一次小大爆炸開始，它發生在大約 120-160 億年前。SL 質量正在分裂，數萬億個太陽正在演化，其中一些就像我們的太陽一樣。透過聚變，太陽核心的 SL 質量在最初的 5-70 億年或由於高溫而釋放出所有必需的元素 (118)，從而釋放出今天太陽系中可以找到的一切。 這是由太陽引力引導的，因此太陽系中有秩序。 正如我們的物理定律所允許的那樣，行星是在物質的熱力學狀態下形成的，這一點我很清楚。 在下面的草圖中，您可以看到行星到太陽的距離。 誰還能相信多年來一直存在的關於我們的科學對於恆星和行星的形成的說法，這些恆星和行星據說是由物質、塵埃和氣體形成的？在太陽系的生命週期中，能量會被釋放，所有分子都會回到 SL 質量中。 這需要數十億年的時間。 在這段時間裡，地球是生氣勃勃的，而我們與它相處的時間只有一小會兒。 然後太陽說再見，各處的燈光慢慢熄滅。 你也可以看到宇宙中也存在這樣的東西。 在某個時候，我們的星係將會準備好，也許遙遠星系中的其他居民會觀察到我們最後的恆星在我們的 SL 質量周圍呼嘯而過，然後認為這只能是暗物質。當 SL 人群再次收集完所有東西後，在某個時刻，樂趣就會重新開始。 這就是我對宇宙生命的看法。 人們只能驚嘆大自然的創造。 所有這一切都是完美的，每個夸克（見草圖右下角）都收到了其分配的任務，以證明宇宙中存在的合性。

13.3.) 基本粒子的標準模型。

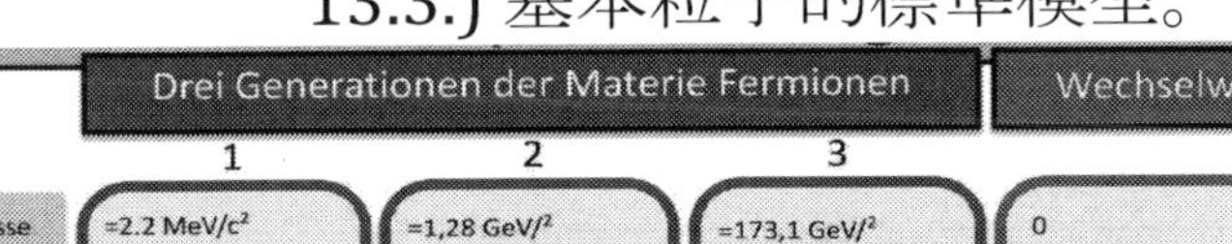

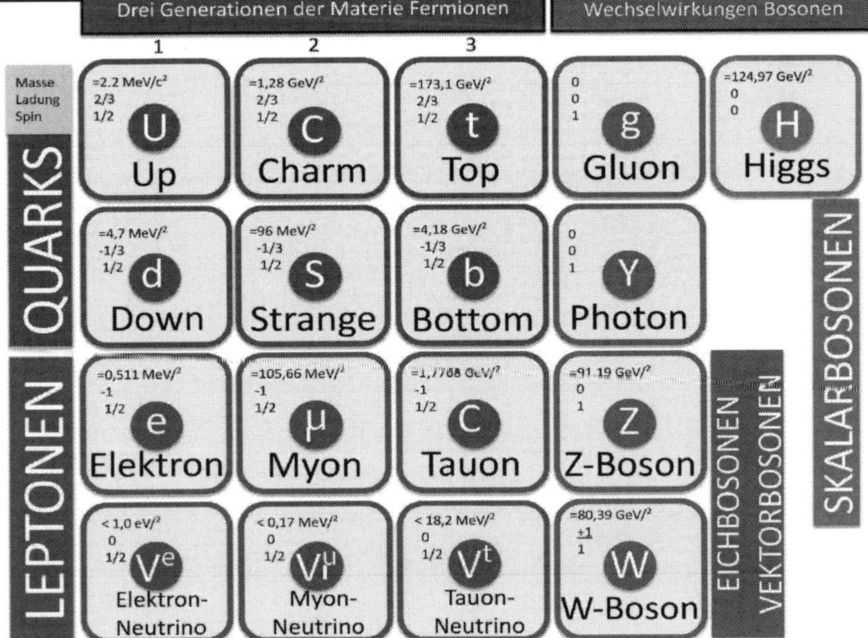

素描：3 世界公式介面。

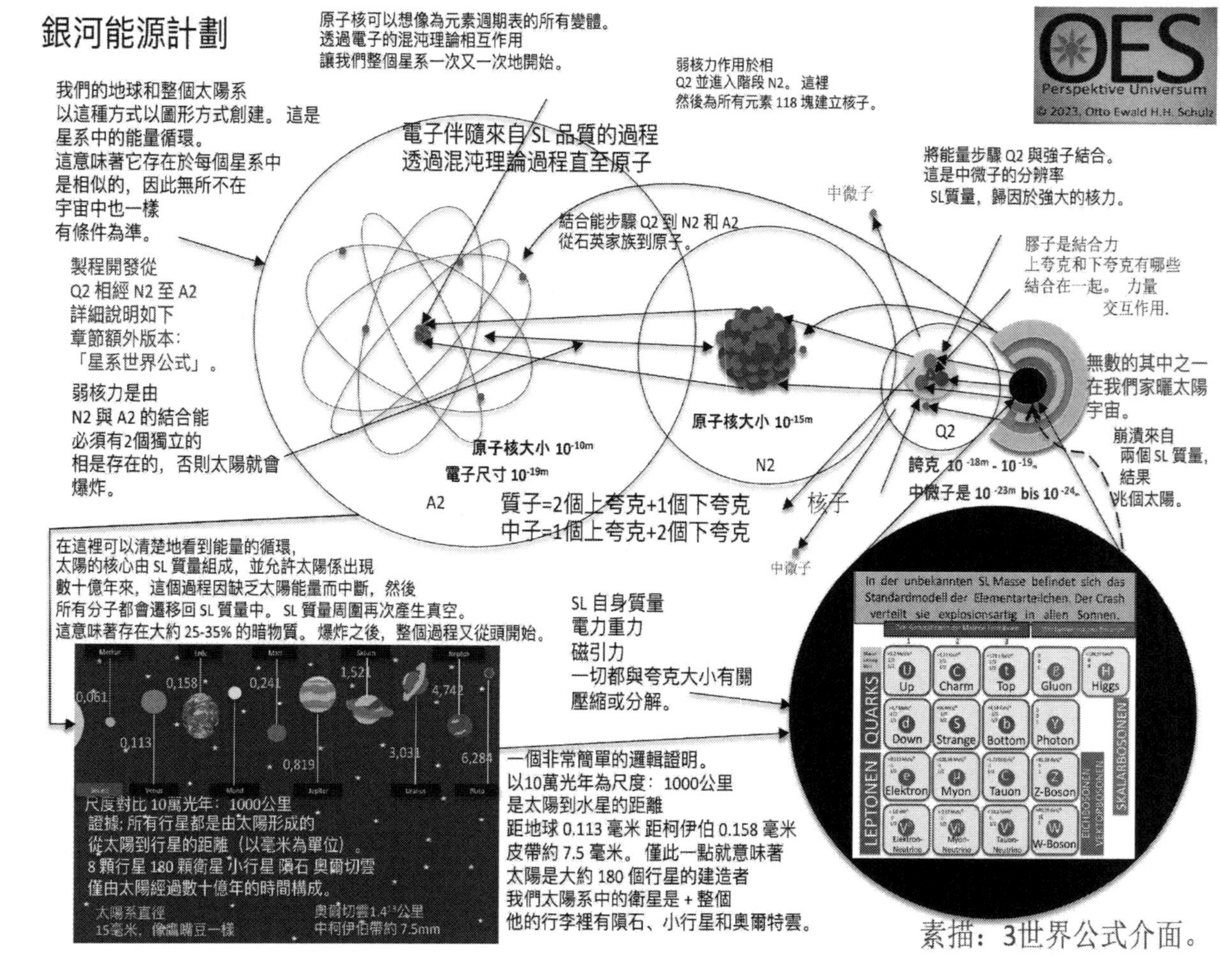

銀河能源計劃
原子核可以想像為元素週期表的所有變體。
透過電子的混沌理論相互作用
讓我們整個星系一次又一次地開始。
弱核力作用於相
Q2 並進入階段 N2。這裡
然後為所有元素 118 塊建立核子。
OES
Perspektive Universum
© 2023, Otto Ewald H.H. Schulz
我們的地球和整個太陽系
以這種方式以圖形方式創建。這是
星系中的能量循環。
這意味著它存在於每個星系中
是相似的，因此無所不在
宇宙中也一樣
有條件為準。
電子伴隨來自 SL 品質的過程
透過混沌理論過程直至原子
將能量步驟 Q2 與強子結合。
這是中微子的分辨率
SL質量，歸因於強大的核力。
中微子
結合能步驟 Q2 到 N2 和 A2
從石英家族到原子。
膠子是結合力
上夸克和下夸克有哪些
結合在一起。 力量
交互作用.
製程開發從
Q2 相經 N2 至 A2
詳細說明如下
章節額外版本：
「星系世界公式」。
弱核力是由
N2 與 A2 的結合能
必須有2個獨立的
相是存在的，否則太陽就會
爆炸。
無數的其中之一
在我們家曬太陽
宇宙。
崩潰來自
兩個 SL 質量，
結果
兆個太陽。
原子核大小 10-15m
Q2
原子核大小 10-10m
電子尺寸 10-19m
N2
誇克 10 -18m - 10 -19.
中微子是 10 -23m bis 10 -24.
A2
質子=2個上夸克+1個下夸克
中子=1個上夸克+2個下夸克
核子
中微子
在這裡可以清楚地看到能量的循環，
太陽的核心由 SL 質量組成，並允許太陽係出現
數十億年來，這個過程因缺乏太陽能量而中斷，然後
所有分子都會遷移回 SL 質量中。SL 質量周圍再次產生真空。
這意味著存在大約 25-35% 的暗物質。爆炸之後，整個過程又從頭開始。
SL 自身質量
電力重力
磁引力
一切都與夸克大小有關
壓縮或分解。
In der unbekannten SL Masse befindet sich das Standardmodell der Elementarteilchen. Der Crash verteilt sie explosionsartig in allen Sonnen.
0,061
0,158
0,241
1,524
4,742
0,113
0,819
3,031
6,284
Up
Charm
Top
Gluon
Higgs
Down
Strange
Bottom
Photon
Elektron
Myon
Tauon
Z-Boson
W-Boson
QUARKS
LEPTONEN
EICHBOSONEN
VEKTORBOSONEN
SKALARBOSONEN
尺度對比 10萬光年：1000公里
證據：所有行星都是由太陽形成的
從太陽到行星的距離（以毫米為單位）。
8 顆行星 180 顆衛星 小行星 隕石 奧爾特雲
僅由太陽經過數十億年的時間構成。
太陽系直徑
15毫米，像豌豆一樣
奧爾特雲1.4公里
中柯伊伯帶約 7.5mm
一個非常簡單的邏輯證明。
以10萬光年為尺度：1000公里
是太陽到水星的距離
距地球 0.113 毫米 距柯伊伯 0.158 毫米
皮帶約 7.5 毫米。僅此一點就意味著
太陽是大約 180 個行星的建造者
我們太陽系中的衛星是 + 整個
他的行李裡有隕石、小行星和奧爾特雲。
素描：3世界公式介面。

14.) 我們的太陽。

太陽由與 SL 質量相同的材料（質量未知）組成，所有 4 個基本力都在其中。 然而，弱核強強卻在等待。 電磁力和重力是兩種基本力，我們的科學已將它們確定為兩種不同的基本力，但它們彼此聯繫在一起，無法單獨考慮或分開或單獨出現。 所以我認為，無論怎麼看，兩者的起源都來自於電子。因此基本電磁力將兩種基本力合為一。 因為凡是有東西的地方，無論是分子還是原子，電子也都在那裡，當單一電子運動時，磁場就已經存在了。 電子不會靜止不動。
一方面，重力波傳播數百萬光年，並且只有在 2 SL 質量碰撞時才會以波的形式產生。 所以重力波非常強。 這也可以與地球上雷暴中的閃電相比較。 這也會產生重力波，當 2 個 SL 質量碰撞時，重力波的強度會增強數萬億倍。 （僅舉一個數字）其次，引力以自身質量作為自身的引力，即被自身的壓縮質量從一定的質量深度壓在一起。 因此，太陽核心由最初被壓縮在 SL 質量中的物質組成。 我們已知大小的太陽本身無法進行質量壓縮。 因為作為太陽，它們會失去質量而不是吸收質量。 這個合乎邏輯的結論導致這樣一個事實：所有太陽的最大尺寸都應該是一定的。 但由於存在更大的太陽，這種由塵埃和物質形成的理論就站不住腳了，即完全是無稽之談。 從這塊太陽因碰撞而從 SL 質量中釋放出來的那一刻起，由於巨大的摩擦溫度和 SL 質量先前的高重力突然下降，太陽的核聚變功能就開始了。 （推測）因此，太陽核心到日冕的形成必須透過兩次結合能爆發來進行。 這個過程也可以與地球上燃燒木材比較；碳、氧和氫結合，產生的主要產物是二氧化碳。 這就是為什麼木頭不會爆炸，而是會燃燒掉，就像夸克的基本元素一樣。 如果太陽像科學家認為的那樣僅由氫構成，那麼太陽就會爆炸。 這種情況會發生在各種氣體中，例如丙烷氣體或類似氣體， 它們不需要任何結合能的爆發，而是突然爆炸。

由於環境非常炎熱（碰撞時溫度為數百萬至數十億攝氏度或更高），因此需要數十億年的合理天文時間來建造太陽系。與開始時較高的環境溫度相比，太陽的熔化溫度為數百萬攝氏度，因此其功能就像空調系統一樣。 這個說法可以透過其他天體的能量觀測得出。 在太陽核心表面，Q2 與 N2 結合能的分辨率以夸克家族成員的形式出現或發展，核子從中出現。同時，混沌理論過程產生具有不同數量的質子和中子（包括電子）的原子殼，或者更確切地說，將原子放置在正確的位置。 這就是我們原子世界轉換中最後的結合能步驟 N2 到 A2。由於結構簡單，主要是氫和氦。 β 衰變在第一個結合能步驟中完成，也可以被視為太陽的第一個初級能量。 β 正負衰變主要是在數量上，從氫到氦只是實際總太陽能的副產品。 在這些過程中現在產生了弱核力和強核力，並透過太陽塑造了我們的原子世界。 元素完整的核種曲線主要建立在前6-70億年的高溫區間。這就是加密連接的地方，導致量子場論和廣義相對論之間的分界線或介面。 日冕的結構只取決於重力，這裡基本內力（電磁力和重力）（最佳表達實際上應該稱為電引力磁力）控制著日冕的相應結構及其結合能過程的子層。在聚變的最後階段，重力足以控制太陽表面的凝聚力。 透過簡單的觀察，在其他各種太陽中也可以看到這一點。 （紅巨星、白矮星等）所有這些現像都不能由星塵和分子雲形成，那純粹是無稽之談和騙局。 我寧願常說這句話，也不願說得太少。

如果沒有中微子，太陽最大的能量發射是無法想像的，因為這些中微子以兩種不同的思維結構控制著太陽後來存在的理由。 一方面，中微子像噴砂一樣撞擊太陽核心的表面，並透過釋放中微子促使夸克家族將自己顯現為核子。 不要忘記，太陽核心質量的基本粒子尺寸為 10^{-19m} 至 10^{-21m}。 作為噴砂鼓風機的中微子小 1000 倍，為 10^{-24m}。 這就是為什麼它可以這樣工作。 這種「中微子噴砂」過程對於能量的基本持續供應非常重要，這樣太陽中就不會發生不受控制的過程。 請記住，中微子無法穿過太陽的核心。 如果沒有這個中微子過程，情況就會是這樣。 我想不出任何其他方法來單獨控制這個過程。 如果沒有這個機制，太陽就會以不受控制的方式切換到融合過程，然後呢？ 我傾向於這個假說，因為在後期轉變為紅巨星的過程中，中微子轟擊隨著太陽核心變小而慢慢減弱，日冕遠離太陽核心，膨脹然後毀滅自己的太陽系。 這將是一個合乎邏輯的結論。 燃燒木材時，缺乏氧氣會導致木材慢慢熄滅。 然後，一顆中子星從太陽中離開，星雲就是之前的日冕，這可以觀察到地證明了這個過程。 否則為什麼中子星上的核融合會失敗？ 為什麼中子星的質量也賦予它像磁星一樣的超高磁性？ 這兩個問題為我的想法提供了更多答案。 這現象的進一步證據證實，現階段太陽系外不存在任何行星。同樣，中子星不再有任何行星。 顯然意味著太陽總是創造和毀滅自己的行星。 再來一次！ 正如今天仍然被教導的那樣，太陽和行星永遠不會在氣體、分子或塵埃雲中形成。 它根本沒有邏輯，違反能量守恆定律。 因為氣體、分子物質、塵埃雲，甚至石頭、星體等都已經是經典原子世界的一部分，而像太陽的能量是無法再生的。 那將是一台永動機，但那是不存在的！ 能量只能轉化，能量永遠不能增加。

正如我們多次提到的，不幸的是，備受追捧的氫核融合產生氦氣的能量在我們的星球上是不可能的。 根據能量守恆定律，這就是問題的癥結所在，最終會導致一個痛苦的謬論，這就是為什麼地球上沒有透過核融合產生能源的原因。 為了在核融合反應器中形成等離子體，必須從其他能源中提供能量，最終它仍然只是一個核融合演示，而沒有產生能量。
第二個中微子思想結構進入太陽環境並表現為反重力。應該如何理解呢？中微子現在不再像第一個構造中所描述的那樣撞擊它們自己的太陽。現在，它們照耀著其他太陽，將它們推開。因為它們的質量很小（大約 0.6-0.9 eV），或者有些甚至根本沒有質量，所以這是非常小的，但它們確實有質量。這種現象解釋了暗能量以及世界的膨脹。作為解釋，你必須想像每個太陽都按照這個原理工作，然後，根據太陽的集中程度，最佳距離由所有單個太陽獨立調節。這樣，每個太陽都可以在數十億年的時間裡與最近的太陽保持必要的距離。因此，我們的太陽可以繞著銀河系旋轉 60 多次，而不會被其他太陽吸引。只有在這種情況下，重力（永遠無法關閉）才能繼續以受約束、操縱和控制的方式發揮作用，從而使行星上出現生命。如果太陽逐漸耗盡所有能量，將不再有中微子，SL 將吸引一切，再次喚醒整個星系的生命。中微子能量下的精確解釋。

14.1.) 我們的問題的元素週期表。

Alkalimetalle
Erdalkalimetalle
Übergangsmetalle
Landhanoide
Actinoide
Metalle
Halbmetalle
Nichtmetalle
Halogene
Edelgase
Unbekannte

Ordnungszahl
Name
Molare Masse
Chemisches Symbol

	1	2	3	4	5	6	7	8	9	10	11	12	13	14	15	16	17	18
1	1 H																	2 He
2	3 Li	4 Be											5 B	6 C	7 N	8 O	9 F	10 Ne
3	11 Na	12 Mg											13 Al	14 Si	15 P	16 S	17 Cl	18 Ar
4	19 K	20 Ca	21 Sc	22 Ti	23 V	24 Cr	25 Mn	26 Fe	27 Co	28 Ni	29 Cu	30 Zn	31 Ga	32 Ge	33 As	34 Se	35 Br	36 Kr
5	37 Rb	38 Sr	39 Y	40 Zr	41 Nb	42 Mo	43 Tc	44 Ru	45 Rh	46 Pd	47 Ag	48 Cd	49 In	50 Sn	51 Sb	52 Te	53 I	54 Xe
6	55 Cs	56 Ba	71 Lu	72 Hf	73 Ta	74 W	75 Re	76 Os	77 Ir	78 Pt	79 Au	80 Hg	81 Tl	82 Pb	83 Bi	84 Po	85 At	86 Rn
7	87 Fr	88 Ra	103 Lr	104 Rf	105 Db	106 Sg	107 Bh	108 Hs	109 Mt	110 Ds	111 Rg	112 Cn	113 Nh	114 Fl	115 Mc	116 Lv	117 Ts	118 Og

57 La	58 Ce	59 Pr	60 Nd	61 Pm	62 Sm	63 Eu	64 Gd	65 Tb	66 Dy	67 Ho	68 Er	69 Tm	70 Yb	71 Lu
89 Ac	90 Th	91 Pa	92 U	93 Np	94 Pu	95 Am	96 Cm	97 Bk	98 Cf	99 Es	100 Fm	101 Md	102 No	81 Tl

OES
Perspektive Universum

素描：4 世界觀太陽系。

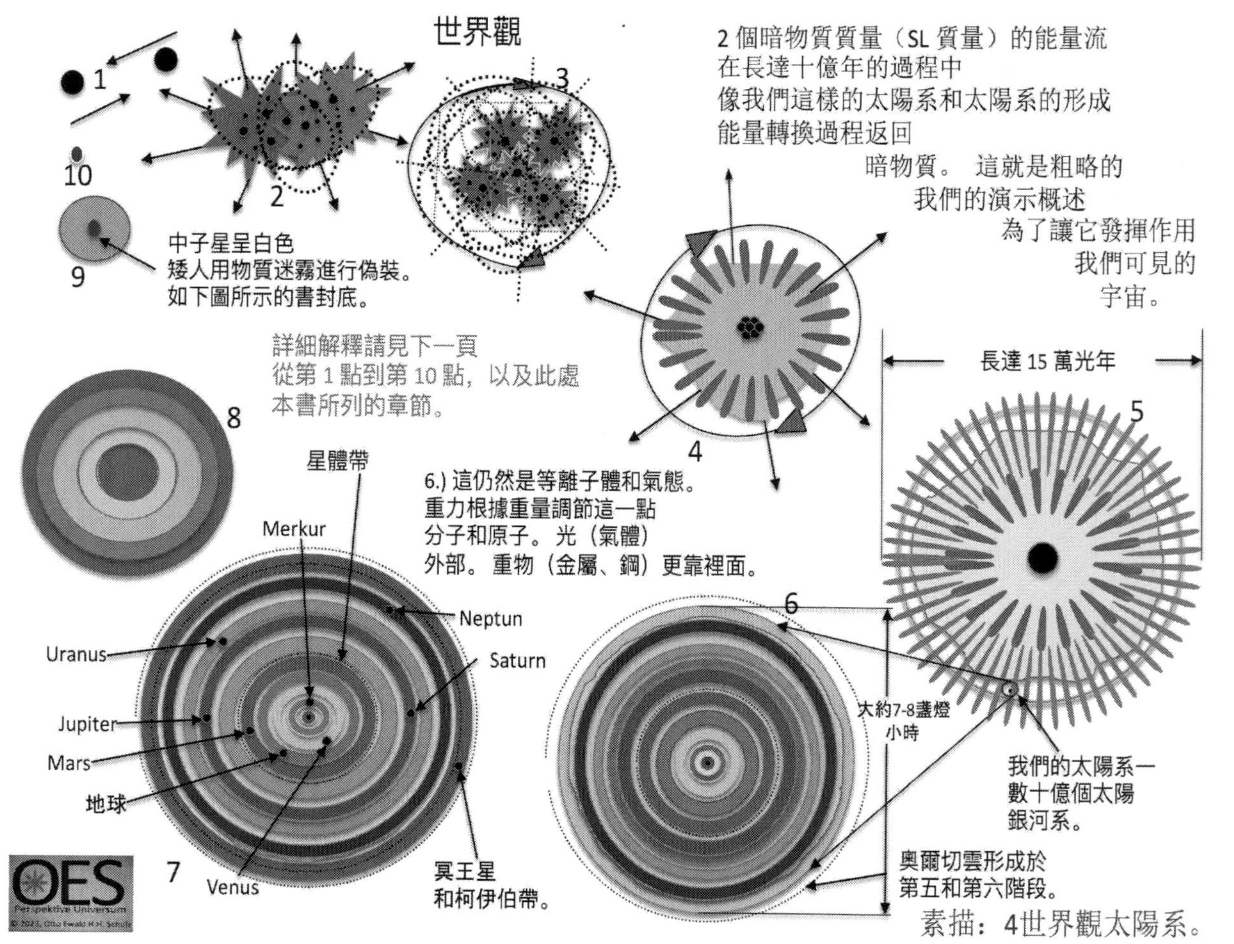

2 個暗物質質量（SL 質量）的能量流
在長達十億年的過程中
像我們這樣的太陽系和太陽系的形成
能量轉換過程返回
暗物質。 這就是粗略的
我們的演示概述
為了讓它發揮作用
我們可見的
宇宙。
世界觀
1
2
3
4
5
長達 15 萬光年
中子星呈白色
矮人用物質迷霧進行偽裝。
如下圖所示的書封底。
詳細解釋請見下一頁
從第 1 點到第 10 點，以及此處
本書所列的章節。
6.) 這仍然是等離子體和氣態。
重力根據重量調節這一點
分子和原子。光（氣體）
外部。重物（金屬、鋼）更靠裡面。
6
大約7-8盞燈
小時
我們的太陽系一
數十億個太陽
銀河系。
奧爾特雲形成於
第五和第六階段。
素描：4世界觀太陽系。
7
8
9
10
星體帶
Merkur
Neptun
Saturn
冥王星
和柯伊伯帶。
Venus
Uranus
Jupiter
Mars
地球
OES
Perspektive Universum

公式視角宇宙
揭示了可見宇宙的世界觀。

素描: 5 型。

對我們可見宇宙中超過萬億個星系的能量循環的簡要解釋。

1.) 它完全在黑暗中開始。 兩個 SL 質量塊可以自行定位並透過重力相互識別。 在 那麼這條路就沒有回頭路了，
未來的爆炸將釋放出我們無法想像的能量 他們的課程。 具有不同尺寸的 SL 品質總是聚集在一起，這會導致複雜的差異。
2.) 根據大小，爆炸可持續長達數百萬年；當大小長達 5 個光月時，您必須考慮這一點 SL 質量的直徑想像在這段時間除了
慢動作回放之外是不可能的。 速度 速度、尺寸、能量分佈、熱量產生的摩擦，所有這些都會影響這個大時間窗口內的影響。
3.) 當速度 > 2-3 百萬公里/小時且距離星系末端時，半徑可達 40 萬光倍 年。 然後你就可以計算出這樣的爆炸會持續多久。
這就是不受控制的太陽在每個人身上發揮作用的地方 方向分開，太陽的引力和中微子作為反重力，再次包括這一點 SL 質量
的引力場與其後來的旋臂形成了一個星系。 對我們來說這個過程是透過物質迷霧不幸的是不可見。
銀河系內部正在升溫至數十億攝氏度，現在發生的一切都在章節中進行了解釋。
4.) 在這種狀態下，大約 4-50 億年後，一種形式慢慢出現，你可以看到它應該是什麼樣子。
5.) 現在，星系已經清晰定位，其太陽位於 SL 質量周圍的迪斯科圓盤上。 我們的太陽有
幸運的是，它們在進化過程中很好地生存下來，並在過去建立了等離子體和氣體分子雲。
6.) 根據能量守恆定律，這大致就是重力導致等離子體形成的方式 想像一下太陽在其周圍的質量。 較重的元素靠近太陽，
氣體則遠離太陽 行星形成，其間是典型的小行星帶，後來由於不相容的元素而沒有成為小行星帶 行星形成即將到來。
舉個例子：讓我們以水 H2O 和氣體丙烷 C^3H^8 互相排斥為例，當然還有更多。
7.) 在此階段，所有行星及其衛星以及所有隕石和小行星，包括柯伊伯帶和 奧爾特雲形成。 太陽很好地完成了它的工作，
在地球上創造了生命。 當時，奧爾特雲作為保護者被一股距離太陽系較近但又遠離太陽系的衝動推出去。
8.) 生命早已結束，太陽的能量已經蒸發，一切都開始重新聚集在 SL 質量中，為此，太陽需要其上升的能量來摧毀其辛勤
的創造工作。 這一定是真的 被包含在星系常數中是因為它的處理速度更快。 那麼中微子就不存在 更多，
因此雲中這個萌芽的小矮星可以從其他紅巨星那裡獲得質量。
9.) 然後太陽變成了一顆白矮星，它打扮得像白矮星，以便進行惡作劇 駕車。 他對此也負有責任。
因為星系中的一切都有其意義，一切都還沒結束，一切都有其意義。
10.) 在這裡，我選擇了一顆小中子星作為太陽的末端。 還有其他選項，例如 物質從原子物質回到 SL 質量。 不管你怎麼看，
在這樣一個星系的盡頭 在此過程中，先前取代星系的區域再次處於完全真空狀態。 隨著質量的吸收 據我估計，1號的2個
SL質量中，大約有60-70%剩餘，以便在重新啟動時形成新的SL質量 SL 品質離開。 另外30-40%則不均勻分佈在空間各個方向。

素描: 5 型。

15.) 太陽系的形成。

我們現在知道，太陽是由與 SL 質量相同的物質構成的，它是否在重力作用下被壓縮而破碎、粉碎，或者可能像未來的太陽一樣因碰撞而以粘性狀態飛濺出來？無論如何，它需要它自己的聚合狀態（我們還不知道），這只會導致透過高重力開始太陽的絕對初級能量。只有透過這種壓縮，即原子殼層的溶解（或壓縮），原子殼層中的結合能才會累積數兆倍。試想一下，將一個 1000 立方公尺的鈦鋼塊壓縮到 1 毫米需要多少能量。這種能量透過自身重力在 SL 質量中積累，隨後在與一塊碎片的碰撞中被撕裂，並像我們的太陽一樣活躍。第一次能量釋放將透過釋放 SL 質量重力和高環境溫度來點燃太陽上的核融合過程。高環境溫度和 SL 質量缺乏非常高的重力不可避免地導致結合能 A1 反饋到 N1 以及 N1 反饋到 Q1。這個過程一定非常複雜，能量痕跡向我們詳細展示了。在如此高溫下，元素週期表中的所有元素都會在接下來的 1-60 億年中形成，並在太陽周圍的熱鐘中保持氣態等離子體狀態。直到奧特雲外的高溫慢慢冷卻下來。這個鐘形結構（奧爾特雲）因太陽風而緩慢膨脹，最初被高出一百萬倍的溫度所束縛，並在數十億年後在外凝結區域慢慢形成奧爾特雲。這個凝結面積相當於把一個瓶子從冰箱拿出來，然後觀察瓶子上的水凝結狀況。內部寒冷，就像太陽的內圈一樣，根據熱定律（壓力和溫度）（露點）發生凝結界面，形成奧爾特雲。我們太陽系中的所有物質現在或曾經都在太陽周圍的氣泡中，一直延伸到今天的日光層。由於溫度更高的環境，它在那裡保存了 10-80 億年。中微子發射與太陽的核融合同時開始，並向周圍的太陽提供超出重力可以抵消的推動力，從而使太陽與其他太陽盡可能遠離。如果每個人都是這樣，那麼銀河系內部幾乎不會發生碰撞。那就是暗能量。在此期間，奧爾特雲外部的溫度降低，壓力降低，奧爾特雲能夠透過太陽風接收來自太陽的額外逃逸速度脈衝。同時，太陽就像在雞蛋裡一樣，透過不斷的核融合在奧爾特雲內部創造了大氣層，隨著溫度的降低，導致了行星的形成。因此，你必須將奧特雲視為保護罩，類似蛋殼。行星週期到底是如何隨著月球的形成而發生的，嗯，這些是所有元素之間的精確規範，這些元素必須根據我們的熱動力學和材料定律以不同的聚合狀態出現。這一切都是由重力控制的，以百分比形式將每種材料引導到正確的位置。這就是為什麼氣態行星比鐵態行星離太陽更遠。正如我所說，整個過程花了數十億年。在我們的地球成為地球之前，距離銀河系大爆炸已經過了 80 億年。

15.1.) 形成衛星的行星。

由於機率和簡單性，主要形成簡單原子，比範例 H^3 少。根據核素曲線，核子數增加的元素的產生量持續減少。大量的負 β 衰變和正 β 衰變發生，從氚 ^3H 和氘 ^2H 到氦的轉變給我們的核物理研究人員留下了深刻的印象，並被視為無限的未來能源，不幸的是它不起作用。這會產生中微子，為地球帶來非常高的能量（但已經處於第一個結合能階段），是我們所知的平流層上方太陽能能量 1367W/m^2 的 1000 倍以上（我估計）。有了中微子能量，無論你在哪裡，它都能穿透地球，並且一天 24 小時都在活躍。我們只是不能使用它們。中微子能源將保證未來整個地球的能源供應？這只是時間問題嗎？欲了解更多信息，請訪問 www.neutrino-energy.com 一些研究人員是這麼說的，但這也行不通。這種材料在我們的地球和任何原子世界中都是不相容的。只要看看原子的大小就不會再有任何問題了。

這種新的再生能源仍處於起步階段，比我們目前使用的熱輻射和光輻射高出許多倍。 這一堅定的信念將成為實現未來能源的里程碑。 同時這也意味著太陽的原生能源不可能由底座中的氫氦聚變構成。 我認為中微子不是由 ^{3}H 與 He 聚變產生的，而是在核子形成的早期產生的。 因為它們調節膠子形成的受控供應。 這一點稍後會被證明。 提個醒！ 這就是他們所說的中微子能量。 不過，我可能需要在這裡提供更多說明。為了實現這項預測，人們必須擁有與太陽核心近似相似的物質。 你注意到什麼了嗎？ 不幸的是，這種材料在地球上不相容，正如已經提到的，如果數量很少，其重量將達到數萬億噸。 所以最好忘記一切，但人們想出的東西很有趣。

太陽系的形成是一個非常複雜的過程，有些太陽係比我們的太陽系運作得更好並非不可能，但在我看來，絕大多數太陽系的形成過程不會像我們地球上那樣產生生命。 在這裡，大自然透過夸克家族的基因中非常微薄的利用來錨定這些機率原理（或者在我看來是這樣），或者這是由於太陽的大小。

地球上有一個驚人的相似之處。 我想說的是，在我們這個星球的自然界中，兩極、精子或種子分佈在數以百萬計或數十億的植物和生物中，但只有極少數從中產生繁殖。 這大致就是你對太陽系的想像。 也許 1:1,000,000,000 的比例會有所幫助，那麼我們的銀河系中仍然存在超過 200-300 個類地行星，並且還有超過數萬億個星系。 考慮到這一點，大約有一兆個像我們這樣的地球，而且只有在星系中我們才能看到最遠 14-150 億光年遠的地方。

順便說一下，親愛的讀者，這只是作為進一步個人考慮的動力。 遺憾的是，由於缺乏能量傳輸和能量保存，太陽系之間的會議永遠無法在這裡進行。

那麼兩個 SL 質量碰撞後的前 2 億年會發生什麼？ 只有碰撞才會持續約 2-4 百萬年或更長時間，由於 SL 質量上的高摩擦和壓力，會產生數十億的溫度。膨脹主要是由高溫和相關壓力驅動的。膨脹速度至少 1500-2000 公里/秒。內部碰撞核心膨脹。這個熾熱膨脹的氣泡伴隨著四面八方數萬億個大小不一的太陽塊，呈現混沌狀分佈。這次碰撞形成了一個非常明亮的球形或橢圓形新星系。由於高伽瑪輻射、高無線電波含量，有時伴隨噴射，這個過程可以在數百萬年的時間內被辨識。（通常形成橢圓星系）最初的閃光相對天文數字而言較短，因為它被霧霾和氣體雲包圍，因此被屏蔽得相對較快。100 年後，這片霧霾雲已經成長到近 15 兆公里，但以天文學標準，宇宙中仍可見一個小亮點。

從分裂的那一刻起，核融合立即在太陽中開始。超大塊現在和以後仍會保持為 SL 質量，但前提是它們在當前的命運之旅中進入軌道。這裡有許多關卡和喜事需要融入旋臂陣中，為未來的成功做好準備。連續行駛速度為 1500-2000 公里/秒。最初發射的太陽將在大約 500 萬年或更長時間後到達距離 50,000 光年的地方。我們的銀河系現在大約有這個半徑，最初在碰撞後的時間膨脹將接近 100,000 光年（半徑）。由於外環以及後續區塊中微子的相互引力影響和排斥力，在長途旅行中會發生碰撞，這並不是全部可以避免的。隨後的所有太陽都面臨越來越密集的粒子氣體雲阻力，較小的太陽碎片在前面飛行以煞車和改變方向。這個過程中一個重要的因素是透過太陽的核融合冷卻高溫星系氣泡。這個冷卻過程大約在 6-7-80 億年前結束。在最初的 60 億年中，溫度在數十億攝氏度範圍內。從第 70 億年（純粹假設）開始，太陽系內部區域的溫度占主導地位。太陽系氣泡與整個星系氣泡之間的補償溫度約為 1000-15 百萬℃。然而，在最初的 6-70 億年裡，這種冷卻過程對於行星的形成至關重要；非常重的原子被融合，如鐵、金和鈾等。然而，太陽需要被排斥的氣體阻力由其他微小碎片組成。在這個僅發生在星系形成的前三分之一的過程中，超過 2,000,000 公里/小時的太陽與當今太陽真空環境中的其他物質環境之間的高摩擦能量達到了導致聚變溫度到重元素。由於這種抗衡擊力，速度在數十億年的時間裡慢慢降低。今天這個過程已經完成，不再有黃金通過北極光落到我們的地球上。只有微不足道的元素可以在陽光下立即形成。

就像今天一樣，太陽風及其原子和分子加熱太陽系中的周圍環境，但在此期間，溫度必須從數十億攝氏度甚至更高冷卻到至少 5000 攝氏度以下，以便等離子體和氣體太陽周圍形成的奧爾特雲捕獲的分子霧雲可能會塌陷。這片雲被整個星系的熱壓困住了。當然，這兩種介質之間的冷卻過程或冷凝區域首先發生在該雲的外邊緣。例如，如果您從冰箱中取出一個冰冷的瓶子，瓶子上的水滴就是在凝結邊界處形成的奧爾特雲塊。由此產生的電流痕跡在這個冷卻階段已成為奧爾特雲。因為奧爾特雲及其千萬億或更多的凝結塊是這種現象的無可比擬的證據。如今，它像球形防護斗篷一樣將整個太陽系包裹在 1-1.5 光年的距離內。這意味著彗星總是會來拜訪我們。而這些彗星也屬於太陽系。正如我們今天所看到的，只有大約 200-3000 億個太陽達到了這個發展階段，對應到像我們這樣的星系。失去從星系爆炸出來的太陽和 SL 質量的機率約為最初兩個 SL 質量總質量的 5%。兩個 SL 質量的剩餘近 95% 已被撤回並補充 SL 質量，因為沒有 SL 質量，星係就無法發揮作用。她是銀河系一切的主宰。也許只有 1% 或更少的星系能夠成功，並將在大約 100 億年後形成旋臂星系。在這個描述中，星係相應地增長，減去大約 5% 的損失。這個生長階段可以持續到某個時刻發生碰撞，從而形成星系團（就像我們在其他距離觀察到的那樣）。這些星係比我們銀河系的星系大十倍。從邏輯上講，在這種理論相互作用的混亂中，最不可能的星座都是可能的。我們的太陽很好地度過了它的命運之旅；可以說，今天存在的所有太陽都已經尋找並找到了軌道。但並不是每個人都像我們的太陽一樣毫髮無傷，否則我們就不會存在。

第 10 億年之後，銀河系現在的狀態如何？

在第 5000 萬年到第 1 億年的碰撞之後，SL 質量迅速回歸到緊湊的 SL 質量，因為如果沒有這種強大的引力，星係就無法發揮作用。這是從橢圓形熱小原雲形成旋臂星系的引擎。（側手翻星系）第 10 億年的認證度極高，因為收集了許多「垃圾」。星系清理過程正在如火如荼地進行，很快就會變成螺旋星系。根據大小，這需要數十億年。所有在後來的盤狀結構上方和下方飛出的太陽都很快被 SL 質量「南北極」的極強重力場重新捕獲。這些太陽距離 SL 質量的入口和出口磁場太近，因而被吸積。但這些被敲擊的太陽導致今天的太陽速度從以前非常高的速度降低到今天的約 80 萬公里/小時。這是外星系旋轉速度沒有進一步降低的另一個原因。（參見暗能量）在今天的太陽因星系中的物質而減速的過程中，是數萬億個太陽的核融合過程中產生的高密度氣體和小部分在很短的天文時間內溶解並飄散開來。此外，吸引力和排斥力的碰撞確保了在 SL 質量周圍運行了這麼長時間之後，在數十億年的時間裡，主要部分可能會被重力塑造成螺旋星雲趨勢。這種影響僅來自 SL 質量的磁場，它與太陽引力相互作用。當然，中微子始終與我們在一起，因此米色力之間會產生螺旋結構，這取決於太陽的大小。從太陽到行星的引力轉移有差異。在這種情況下，存在發電機效應。對於太陽引力的 SL 質量，不需要發電機效應；這只與來自 SL 質量的太陽核心的重質量相互作用。因此，其速度無法與太陽系中的速度相比。這裡有足夠多的謬論，為我們的宇宙學家帶來了很多思考。

十億多攝氏度的高溫，在眾多太陽的作用下，較快地冷卻到了百萬多攝氏度。這聽起來很奇怪，但太陽在這段時間內就像小型空調裝置一樣工作。因為它們產生的溫度只有數百萬美元，所以與高達數十億美元的溫度相比，這是寒冷的。因為星系的內部溫度來自於兩個 SL 質量之間因摩擦而碰撞。對於這個未知的質量，這樣的想法也不無道理。從邏輯上講，我們所知道的太陽係可以由此衍生出來。這是我的想法，可以根據能量守恆定律來理解。親愛的讀者，也許您有更好的想法？
在第二個十億年，這個過程繼續緩慢下降到超過百萬° C。在此期間，我們從核素曲線中得知的所有重要重元素都發生了聚變，並處於直徑約 8-10 光小時的原子霧中。（這裡是太陽在中間）重元素的產生需要比太陽內部產生的溫度更高的溫度，這是透過對太陽的永久高物質撞擊來實現的，就像墜機後的初始溫度一樣。在最初的混亂中，一切事物都受到一切事物的影響，形成了我們所知的太陽系。這種物質產生了原子世界，透過太陽風防護罩的濃密氣體雲雨般落在太陽上，然後慢慢失去速度，但達到了更高的溫度，以便將重元素融合到最後的程度。從邏輯上講，這些重元素留在太陽的引力區形成了太陽系。在水星和火星之間的區域中存在較重的元素，而在從小行星帶更遠的氣體行星上則存在較輕的元素。由於我們處於原子世界，因此根據我們的物理定律框架，元素的這種作用必須被聚合狀態和許多其他變體所接受。
關於奧特雲的形成過程和目前的局部位置，內部星系對日光層膨脹率的冷卻過程是對奧爾特雲塊產生脈衝的原因。如今，這些碎片距離太陽約 1-1.5 光年。當開始凝結形成這種物質時，這些塊體受到約 100-150 公尺/小時的膨脹脈衝。當太陽原子氣球上的高溫壓力釋放出來的那一刻，這股衝擊力就消散了。直到今天，大約已經過去了 12-140 億年，這些塊的距離大約為 11-13 兆公里。由於這些塊今天仍然遵循太陽的速度，因此它們一定曾經離太陽更近。這其實就是證據，不然他們怎麼到那裡去？即使在銀河系中繞了 60 多次軌道之後，這些數量的塊體本身也無法達到 800,000 公里/小時繞太陽運行的速度。這是來自 SL 質量的太陽存在的另一個邏輯證明。

也許在第 30 億年裡，太陽原子氣鐘邊緣發生了第二次凝結，從而形成了柯伊伯帶。（柯伊伯帶必須被視為奧爾特雲和柯伊伯帶之間的邊界區域；在這裡，奧爾特雲分裂，而柯伊伯帶仍然存在，因為它處於太陽的強引力場中。）

因為那裡的溫度和相應的壓力在某些時候最適合於此。隨著由外向內的膨脹和溫度下降，柯伊伯帶中的物質隨後以成分的形式形成了這些塊狀；第一批行星也出現在這個區域，冥王星、鬩神星等。另一個版本是有殘餘物奧爾特雲的動量和太陽引力透過其發電機效應的運動將其固定在適當的位置。這很可能是太陽引力的極限。由於冥王星具有引力，引力的弱點從柯伊伯帶開始，將今天存在的所有奧爾特雲塊推入太陽軌道。這個物質當時以與太陽相同的順時針速度移動，由於逃逸速度的動量，能夠慢慢地告別奧爾特雲。

柯伊伯帶的條件與奧爾特雲相似，奧爾特雲是由相應的聚合態形成的。這裡無需贅述。

以 10 萬光年：1000 公里的銀河系為例，我們今天的太陽系相當於一個直徑 15 毫米的小鷹嘴豆。在太陽系形成時，可能是 12-13 毫米，甚至更小。這意味著日光層或奧爾特雲形成的地方距離我們最多只有 6-8 光小時。在這個例子中，我們的地球距離鷹嘴豆中心的太陽只有 0.157 毫米。在這個例子中，您清楚地了解到我們的太陽系只能由太陽創造，其中包括所有行星和 180 多個衛星以及數萬億顆小行星直至奧爾特雲。這個例子完全足以提供證據。

對於星系中的每個太陽來說，行星形成的過程實際上都是相同的，但前提是太陽在最初的十億年裡沒有損壞。除了小事（太陽的大小、其他太陽的干擾效應等）之外，條件都是相同的，並且總是導致行星的形成。太陽或物理定律別無選擇。這可以稱為太陽-行星常數。

如果這個過程由所有現有的太陽進行 7-90 億年，那麼在某個時刻，圍繞 SL 質量的飛行路徑對於許多太陽來說幾乎是自由的。今天，在西班牙的例子中，距離大約 43 公尺的地方只有下一顆星星。（半人馬座阿爾法星）沒有到達這個空間的太陽也沒有可以提出這樣的主張的類地行星。在這大約 60 多個非破壞性軌道的期間，太陽在這樣的過程中創造了今天行星的物質。形成行星及其衛星的必要框架條件是重力和能量分佈對稱結構中物質的物理狀態。沒有所謂的引力母親（這裡是太陽），任何行星都無法形成。另一個考慮因素意味著尚未發現太陽引力場之外的行星。這進一步證實了我的理論。否則，周圍實際上必須有很多呼嘯的行星，這樣至少有一些東西聽起來對當前的世界觀是積極的，但不幸的是事實並非如此。另一個證明。

當時，在我們今天的行星運行的地方，只有熱的原子分子雲或等離子體，由於太熱的聚集狀態，尚未允許物質結合。因為固體鐵的回饋從膨脹的等離子體變成氣體，然後變成液體，今天含有許多其他元素的液態鋼仍然存在於地球深處。

然後你就可以準確地想像構成今天行星的聚合狀態。在外部區域有一個氣體行星區域，其中也包含核心中比例相應較小的重原子，因為在這種氣體中總是有渦流，或者像我們一樣，天氣，例如，提供對這些現象的了解。

這個過程可能會在 7 日到 8 日進行。已經發生了數十億年。由於太陽是由 SL 質量構成的，原子物質的盤狀形狀早在行星形成之前就開始了，就像今天的土星環一樣。這與冷卻階段同時發生。 太陽的高引力將原子氣體和分子雲引導到正確的透鏡螺桿位置，以在適當的溫度下開始行星形成。 這始終基於溫度和重力。 直到那時，行星形成的最初跡象才出現，這取決於各個元素的聚集狀態。 這些過程需要數百萬年的時間，極其緩慢但安全。 如果太陽是由高度膨脹的氫創造的（正如今天仍然假設的那樣），那麼根據能量守恆定律，所有重元素都已經凝結，並且太陽仍然不會被創造。 所以你基本上要跟這個太陽形成理論說再見了。 我想你現在明白了，但如果你不明白，這本書還沒結束。 如果你還考慮到所有行星及其衛星之間複雜的太陽系的速度，就沒有必要再討論了。現在從第50億年開始，星系空間慢慢變得透明，你可以看到氣體雲中的恆星，這導致太陽是由這些雲創造的結論，這個知識導致了進一步的謬誤，根據物理原理不可能發生。法律。不僅與行星的極其接近符合我的理論，而且緊湊太陽系的速度也很清楚。 當然，在如此多的運動中，總有一些特殊的情況會導致各種不同的現象產生富有想像的星座。 來自 SL 質量的物質也對此做出了貢獻，其壓縮方式與總質量不同，因為可能是太陽從外殼中破裂出來（平均密度為 10^{15} 公斤/立方厘米），或者是來自 SL 質量的一塊物質。內部深處（平均密度 10^{18}Kg/cm^3 以上）。 這就是 Q1 的狀態。 這只是為了喚醒和滿足理解。 為了時不時地思考一個例子，你突然無法完全排除更多的密度。 也許這也是由於太陽輻射強度不同所致，SL 質量越密，太陽就越亮。 就像地球上的木材一樣，根據木材的類型，光合作用過程中會產生不同的壓縮。 這就是為什麼木材由於合成物的壓縮而變得不同的硬度或柔軟度。研究中仍有一些障礙需要克服，我相信我的舉措正在發揮作用。

在第 6 和第 70 億年中，隨著行星的形成、太陽的自轉以及這些力的角動量轉移到氣體雲和行星的形成，太陽的速度已超過 800,000 公里/小時。（參見行星的自轉和角動量）所有行星的衛星都不應該被忘記；這裡沒有發生碰撞。一切都是按照完美、自然藍圖或太陽系常數發展的。超過 180 顆衛星不能透過碰撞形成。那純粹是無稽之談。行星與衛星的形成是根據機率原理同步發展的。火星和木星之間的小行星帶也是其形成的典型區域。在太多的氣體和其他重元素之間，就像四顆內行星一樣，由於氣體比例過高，凝結過程可能太快，因此無法形成行星；這裡不滿足必要聚合狀態過程的條件。這裡存在著一個決策的灰色地帶。因為許多氣體相互排斥而不是結合。也許還有另一種理論？你是什麼意思？最後，在第 80 億年，地球和月球是由液態鐵形成的。它沸騰了，慢慢形成爐渣，就像今天火山爆發一樣。月球與地球由相同的物質構成，並且是同時形成的。由於其質量較小且沒有大氣層的保護，不幸的是它今天已經冷卻了。今天已知的其他行星也都已形成並開始進一步演化，直到今天。在此期間的某個時刻，我們現在可以透過同位素衰變來確定地球的年齡。在此期間，液態岩漿凝固，地球明顯形成。它在孵化器中度過了超過 80 億年，然後通過冷卻而誕生。由太陽發育而後誕生，像地球上的基因結構一樣被移植到生命的各個領域。如果我從哲學上假設夸克家族可能仍然給予最後一個家庭成員自由。我感覺那裡還有別的東西。我們必須拭目以待，看看中微子是否會為我們帶來一個人間天堂，以便未來最終能夠戰勝氣候變化，二氧化碳水平慢慢開始下降。根據我目前的了解，大約需要 180 年甚至更長的時間才能將所有人的一次能源全部轉化為可再生能源，然後在相同的時間內用可再生能源替代我們從空氣中排放的二氧化碳並從海水中提取，以恢復健康的大氣並促進海洋脫酸。為此，我們需要比幾年前釋放的更多能量，因為那裡也沒有永動機。因為除了我們的地球之外，沒有其他星球可以生存。更不用說能夠前往另一個地方了。 在飛往火星或月球之前， 應該先清理地球。 因此， 我們必須愛護我們的地球， 不要對它如此粗心。

16.) 行星的自轉和角動量。

從太陽從 SL 質量中釋放出來， 即太陽被兩個 SL 質量碰撞彈射出來後， 太陽也獲得了角動量， 在完整飛行的漫長旅程中， 角動量當然受到了各個維度的影響， 但從未完全停滯。 為什麼？ 像我們這樣的太陽系發展的機率總是十億分之一。從一開始， 當太陽核心周圍什麼都沒有的時候， 它就被籠罩和困在一個過熱的環境中， 但慢慢地用它的原子元素膨脹了它不斷增長的太陽風氣體雲。 你也可以說她還沒有穿衣服， 因此仍然沒有穿衣服， 這就是我們解釋太陽周圍不同層次的方式。 它之所以膨脹， 是因為與較熱環境的壓力相比， 它的壓力增加了。 所以它能夠像在保護殼裡一樣發展。 它可以比喻為人類卵細胞發育成胎兒的過程。 前 5 個月是最初的 50 億年， 而今天奧特雲的熱保護殼將是子宮。
這個由氣體雲和物質組成的外殼經過數十億年形成， 從一開始就具有相同的角動量。 然後它基本上隨著時間的推移而增長， 並隨著太陽的旋轉而相應地旋轉。 然而， 隨著距離的增加， 外層會失去速度， 因為隨著距離的增加， 重力會減少， 因此沒有必要保持高速。 這種軌道速度現象必須根據質量和質量密度來計算。 這準確地顯示了所有行星是如何遵守這項引力定律的。 （這只是一個關於太陽圍繞 SL 的軌道速度的快速提醒） 這就是埋藏暗能量謬誤的地方， 而我們的科學尚未發現這一點。

根據萬有引力原理，精確的校準隨著質量的增加而增加，牛頓定律就是原因。 在形成行星時，也必須考慮透過校準減速對物質密度的影響。 由於金星逆時針旋轉，因此旋轉方向保持不變。 在這裡，任何可能的情況都可能是由所形成的漩渦中的太陽系天氣條件造成的。 這麼多複雜過程的機率激發了實現可行性計劃的想像力，無論如何，都有足夠的太陽來執行它。 這種擾動也可能是天王星軸傾斜的原因。 在這種混亂和理論天氣的巨大混合中，你必須看到好像在我們的星球上，摩洛哥獵鷹扇動翅膀會導致加勒比海發生颶風。

17.) 重力，或更確切地說是電重力磁力。

對我來說，在這樣太陽系的形成過程中，最重要的互動是適應太陽體的速度。 這就是萬有引力的秘密。 太陽周圍充滿了來自其核心的電磁場線，這些電磁場線幹擾了 SL 質量線，但同時這些波也穿過了行星的質量體。透過與場線相交，中性被取消，並且吸引力發生在地球上的重力。 這裡有一個邏輯：質量越大，質量越密，它對應於場線交點，從而對應於物體上產生的吸引力，然後以特斯拉為單位進行測量。 這裡，行星上的電子數量自動導致該行星上的重力與軌道速度的關係。 這也對應於電磁力和重力這兩種基本力之間的不可分離性。 這兩種力量不能分開看待。 你必須像橘子一樣看待它。上半部和下半部已經生長在一起，無法分開觀看。 這裡人類的解釋有錯誤。 當然，引力、萬有引力和電磁力在日常語言中可以有不同的用法，但起源都是電磁學。 這就是為什麼我們在月球上的體重比在地球上輕得多的原因。 在這裡，月球的速度與地球相同，但質量較小，由比例鋼製成的核心也較小，因此其重力較低。 所以所有行星的計算過程都是相同的。阿爾伯特愛因斯坦先生關於時空曲率的善意謊言已被量子理論完全抹殺。 由於重力最初只能被視為來自 SL 質量的暗物質，因此重力只能透過電磁力存在。 既然沒有引力子，將來也不會存在也不會被發現，那麼引力效應只能來自於此。 引力波的範圍超過一百萬光年，它如何與引力子一起工作？ 在暗物質存在的這一刻，基本粒子中存在的任何其他物質都沒有釋放能量。
質量的緩慢累積（還沒有行星可以引起時空彎曲，重力已經存在，事實上它必須存在），如果沒有電磁力，它如何相互作用？ 愛因斯坦先生這裡的時空曲率如何容納，就像氣態行星的光環一樣，時空曲率的想法是荒謬的，在凝結或塌縮發生之前，這個物質已經在氣態中存在了。形式，以及重力。
如果你觀察非常細的鐵屑並將它們放在磁鐵周圍，你就有了證據。 由於太陽風氣體壓力導致奧爾特雲的形成，太陽引力之外的脈衝是如此令人著迷，以至於此時您可以看到引力和圓盤形成之間的分界線。 我無法想像太陽係以任何其他方式形成。 目前流傳的所有關於太陽和行星形成的理論既不可理解，也沒有立足之地。 它屬於科幻小說室裡的幻象盒子。
我最近在一部紀錄片中聽到：木星從內軌道移到了它現在所在的外軌道，這樣的說法近乎犯罪。 你知道這樣的實施需要什麼樣的能量嗎？ 如果我說地球在進一步進入火星軌道時將其速度從 100,000 公里/小時降低到 50,000 公里/小時，情況也是一樣的。 透過這樣的例子，你可以準確地看到太陽如何以其引力和元素從一開始就將一切引導到正確的位置。

素描：6空間擴張。

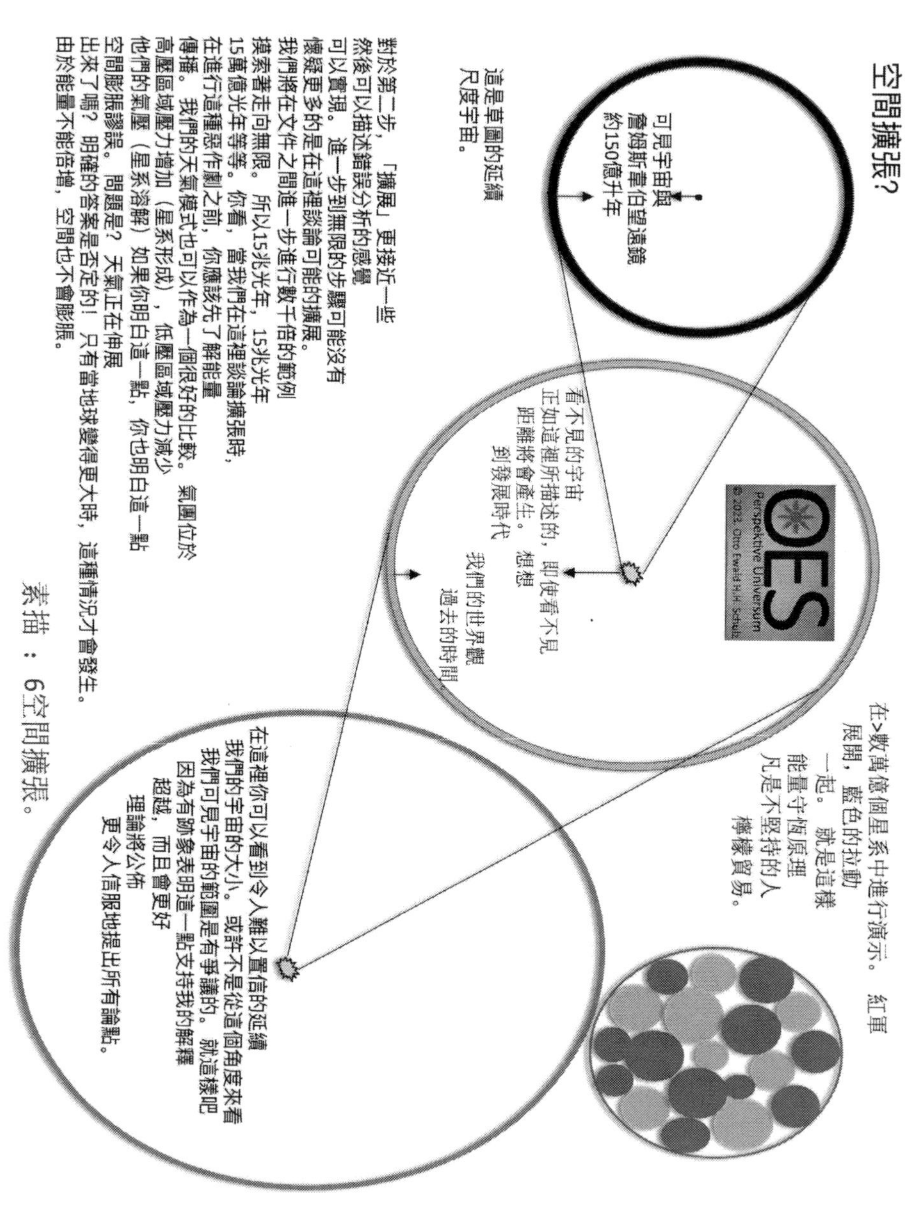

素描 ： 6空間擴張。

18.) 太陽一次能源開發。

太陽核心中我們不知道的物質是被壓縮的。 這發生在 SL 人群中。 對此沒有其他可能的解釋。 數十億年來太陽釋放的能量還來自哪裡？ 僅來自重力的結合能，就像地球上以各種方式發生的那樣，只是濃度高出萬億倍。
原子殼不再是我們所知道的。 由於壓縮，所有電子都與質子和中子分離，所有電子都被釋放並產生巨大比例的電磁力。此時，四種基本力在一種未知材料中結合在一起。 2 個 SL 質量碰撞後，太陽被拋出 SL 質量的小星系大爆炸；壓縮物質的核融合過程立即開始，僅通過 SL 質量的高重力消解。（一旦大塊脫離，行星形成或具有結合能量解決方案的日冕就開始了）（碰撞在第 10 億年中產生了超過 10 億攝氏度的溫度）。 它是從未知材料中釋放出來的，基本上只來自夸克家族。 質子和中子與電子結合形成不同元素結構的原子殼。這種相互作用比其後發生的任何融合都更強。 這就是太陽的主要能量點。 這裡釋放的能量負責元素週期表中的下一代，它們透過核融合創建了我們的太陽系。 沒有這種能量，進一步的核融合就無法發生。 由於高度壓縮，太陽有超過 200 億年的能量可供融合。 根據大小，甚至更多。
這就是這個過程開始的地方，像我們這樣的原子世界是從 4 種基本力組合的壓縮夸克族發展而來的。
在我們地球上的核融合反應器實驗中，這些能量導致等離子體加熱，然後迫使氫核融合為氦。 這意味著永遠只有一台人造核融合發動機，但沒有可以產生能量的核融合反應器。 最後當它被移除時，它應該高於 Q 10 或更高。 不幸的是，這些仍然是幻想，不起作用，並且在某些時候會被理解。 直到幾年前，連專利局仍然接受永動機計畫。 感謝上帝，這已經解決了。 現在所缺少的只是核融合反應器。 達文西也曾嘗試過，但由於他的超凡智慧而慘遭失敗。

19.) 暗物質。

太陽能的起源無論是向後或向前追溯，都必須到達「能源生產」的同一個點。 如果不是這樣的話，宇宙就會在某個時候變成一個黑暗、冰冷的東西，或是早就發生了，早就死了。事實並非如此！
我們的太空望遠鏡向我們展示了所有星系的不同生命週期。無論是類星體、耀變體、電波星系或橢圓星系，這些星系後來都會變成旋臂星系；它們只處於初始階段，或是像許多其他星系一樣，處於最後階段。 我們無法觀察到它，因為我們的壽命還不到數百萬年。 很快就會發現，目前版本的恆星形成純粹是幻想，包括大爆炸理論，因為如果一切同時開始，就不會有不同的星系，當太陽形成時，所有太陽都不會比我們的太陽，但相反的證據是，有數百萬個太陽比我們的太陽大，這並不能全部加起來！ 矛盾不斷堆積，還有太多問題沒有答案。 這裡一定有什麼問題。
暗物質對不同起源可能性的不同論證有進一步的幫助。
本書的其他部分也對此進行了討論，但沒有直接討論暗物質。暗物質很容易理解，很簡單，因為它是幾乎完全被認可的 SL 品質。 只有在最後一刻（可能持續數百萬年）才觀察到一些太陽圍繞著一些看不見的物體運行，因為它是 SL 質量。（直徑從 1 光日到 1/2 光年甚至更大）正如許多前星係正在告別一樣，宇宙中只有 SL 質量（暗物質）。 你甚至看不到，他們只是有重力來認同另一個人，然後相遇。 這是觀察範例中唯一合乎邏輯的結論。 關於暗物質沒有什麼好說的，它只是非常簡單和容易。 然而，如果你堅持宇宙大爆炸或整個宇宙的大爆炸，並認為所有星係都是由熱的原始雲發展而來，那麼你就必須讓人們相信這一點。即使星系結構已經發展起來，難道這一切都是在一瞬間創造出來的嗎？這些是近代的痕跡，在一兆個時間窗口或更長時間內。每個人都意識到我們當前的世界觀需要正式修改，這始終只是時間問題。在我的版本中，沒有任何懸而未決的問題仍然沒有答案，至少對於宇宙中可見的東西來說是這樣。

20.) 暗能量。

暗能量這個術語也是基於對星系旋轉速度的功能原理的誤差計算，類似於在我們的原子世界中，牛頓定律起決定性作用，從太陽系複製到星系系統。太陽系除了太陽本身之外，都受牛頓定律和 ART 的約束，因為這裡創造了一個小小的原子世界。星系已被預先編程為移入或溶解（認可）。根據牛頓定律，這是行不通的。誤差計算的錨點是從大爆炸理論開始的，這意味著太陽的形成也受到星塵和氣體雲的科學誤差分析，這裡應該可以從天文學中期待一些有根據的東西。如果這些基本原理被錯誤地教導，大腦將在某個時候完全阻塞。你可以看到宇宙學最終只能陷入矛盾。60-70%暗能量，完全荒謬！它是"可見的"。我們都看到星系。
在太陽系運動和銀河系及其相關行星和太陽（也是小 SL 質量）運動之間，由於材料不同，有兩種不同的發展。這兩個系統的發展方式根本不同。首先，我們所知的原子世界很重要，否則我們根本無法生存。（太陽系的行星），另一方面，位於太陽核心和 SL 質量中的核子或夸克族世界（這是量子引力的世界，以 4 種基本力作為對稱能量），其中原子殼層的結合能被壓縮，以及它如何作為結合能儲存在電池中，然後所有電子通過結合能被釋放，從而產生令人難以置信的強磁場，這是重力的基礎。

粗略地說，我們可以說，在太陽系中，太陽的壓縮質量正在減少，行星的質量正在增加，但主要是減少。行星每年遠離太陽幾厘米，光是月球每年就遠離地球約 4 厘米。這主要是由於太陽從其核心失去了大量的質量，從而導致重力減少。由於軌道速度不同步調整。誰也應該減慢行星的速度？儘管在 Galaxy CV 中它的工作方式完全相反。在這裡，質量歸入 SL 中，因此引力變得越來越強，太陽及其所有物體的質量（除了星系軌道上的 SL 質量）正在失去質量並變得越來越弱（無質量）就它們的重力而言。因此，星系中的所有物質都會慢慢地被拉回 SL 質量中。太陽核融合產生的所有原子都會經由行星的中間站遷移回 SL。我們存在於這些時間序列之一中。由於在太陽系形成部分已經提到過，整個太陽都受到了一種衝動，因為太陽的死亡與銀河系相反，銀河系根本不會死亡，而只是讓銀河系的過程從太陽系開始一次又一次地開始。一開始，這些應用高軌道速度仍然相對較慢。即使太陽的高內部軌道速度也不足以不被認可。透過中微子，外層太陽將內層太陽推向 SL 質量，就像在漩渦中一樣。

由於 SL 質量的引力和來自太陽的中微子引起的排斥作用，這使得星系能夠美麗地形成旋臂。這是星系的生命週期，受磁力控制。如果不是這種情況，在一段時間後，所有太陽都會耗盡其核燃料，宇宙將僅由 SL 質量組成，即它將是空的、死亡的，不再存在太陽。如果你問自己這個問題，你就會知道太陽系中的每個星係都創造了自己的獨立生命節奏。

改變了對暗能量的解釋。

太陽直到大約 40-50 億年前才融入我們的銀河系，很久以前就被消滅了。這是太陽塊中最大比例的部分。然而，總有太陽向所有可能的方向移動，它們很可能來自其他星系，對此沒有其他解釋。 數十億個太陽也從我們自己的星系發送到周圍的星系。 速度太快的太陽被驅逐到銀河系外的其他矮星系中， 而速度太慢的太陽則很早被拉入 SL 質量的內部， 並被相對較快地吸收， 因為它們不符合定律星系常數和其他太陽的變化不應該是致命的。 與太陽比較相似， 霧霾是來自太陽的風， 透過北極光被吸引到地球上。 旋臂的形成顯示了 SL 質量對太陽軌道質量的引力有多大， 因為在形狀像透鏡盤的旋臂上方和下方很遠的地方， 數十億年之內都無法形成太陽。在軌道上。 （北極光的例子適用於此） 太陽之間的碰撞並不總是能夠避免， 因為碰撞的可能性如此之大。 這導致了銀河系中最多樣化的星雲。 因為這種 SL 質量的壓縮材料肯定具有與我們已知的原子質量的物質不同尺寸的不同聚集狀態。由於太陽和 SL 質量由相同的壓縮物質組成， 因此 SL 質量中的吸引力相應地比太陽系中的吸引力更強。 這就是為什麼更遙遠的太陽的旋轉速度不會降低， 因為它們是由碰撞產生的， 而不是像太陽系那樣由原子分子和重力產生的。 然而， 這並不是銀河系外太陽速度預計會降低的主要原因， 科學家已經設計出一種預期的暗能量來解決銀河係不膨脹的問題。 星系外部區域的連續速度更有可能是由於星系大爆炸碰撞中的初始動量造成的。 （參見星系形成） 。

太陽系形成時， 行星並不存在這種意義上的衝力， 而是太陽經過數十億年逐漸形成的氣體混合物雲， 然後從外到內以不同的相應物理狀態冷卻行星及其衛星的距離。 這裡有一個與質量有關的距離的速度。 小行星帶和柯伊伯帶也很典型， 因為在冷卻或凝結的關鍵階段存在氣體（氣體行星主要由氣體形成） 。 就像氣體行星環（土星上非常美麗） 一樣， 在某個時候， 太陽的不同氣體和物質環也是我們行星形成的。 奧爾特雲也是太陽系的一部分， 它是由在太陽系（日光層） 邊緣通過第一次凝結形成的渣氣岩石形成的， 但最初出現時離太陽系更近比今天可以找到奧爾特雲的地方還要多。 這也可以被認定為太陽系的保護罩，屬於太陽系常數作為獨立的保護。誇張地說，我想把此時的奧爾特雲描述為一個圓形的蛋殼，然後由於太陽風壓力和緩慢冷卻的空間環境溫度，它膨脹到大約 1-1.5LJ 左右。 （太陽壓力的脈衝，請參閱奧爾特雲）
因此可以問心無愧地說，暗能量純屬虛構，並不存在。 做什麼的？ 他們正在尋找因幾次誤診而應該存在的東西？ 這是沒有邏輯的，那裡既不能想像任何天體，也不能想像對銀河係有任何無形的影響。 這在我的理論中毫無意義，只有在公認的科學空間形成中才有意義，而它充滿了錯誤。 我想以解釋性的方式列出其中的一些。根據大爆炸理論，只有非常熱的氣體才含有 99% 的氫氣。 最膨脹的氣體，在如此高的溫度下，必須有數萬億巴的壓力才能使這裡的物體塌陷。 我們假設它已經崩潰了，這是完全不可能的。 同時，這顆最初的太陽，還很小，而且越來越大，一定達到了今天仍然是 80 萬公里/小時的速度。 這種能量應該從哪裡來？ 它無法從氣體雲中推動自己。 誰該對初生的太陽體施加這種衝動？ 導致崩潰的能量應該從哪裡來？ 對於這個創造物來說，它只是太空中的熱氣體，還沒有重力，或者存在嗎？ 她應該從哪裡來？從時空曲率來看，哪裡還沒有行星？ 也不是核融合，因為太陽才剛形成（假設厚度為 10 公尺或更小），而且這種情況幾乎同時在各地發生？ 或是已經有 SL 群眾了嗎？ 這些應該是如何產生的呢？ 太陽越大，它需要的能量就越多，才能達到星系軌道的速度，啊我忘了，這個太陽是後來發展起來的，SL 質量以前就已經存在了，但是同樣存在速度問題，SL 質量有一個速度超過 100 萬公里/小時。 這應該如何組合在一起？ 或者根據座右銘，它以某種方式實現了。 讓我們閉上眼睛想想一般情況。 當時地球上還不存在能量守恆定律。但後來在某個時刻，我們的太陽以某種方式達到了直徑約

110 萬公里的尺寸。不幸的是，我無法說出它的速度從何而來，如果我必須思考它的問題，我的頭會痛。當我想到一個高度複雜的太陽係以目前的速度與太陽一起運行的事實時，情況變得更糟。但是等等，太陽還沒完成，它現在即將點燃核融合。現在，在它點燃之前不久，它仍然在吸收質量。我簡單地說，但這意味著沒有行星可以形成，因為太陽肯定吸收了所有物質（只有氫？）。最後，就在它的直徑增長到近 120 萬公里之前，它的核融合是否會點燃？還是稍後？然而，從邏輯上講，它還沒有一個包含所有行星和衛星、小行星帶、柯伊伯帶和奧爾特雲的太陽系。這些數以萬億計的不同部件是從哪裡來的，並以 800,000 公里/小時的速度圍繞太陽定居？不評論了，繼續說太陽的大小，如果它在直徑 120 萬公里處點燃，為什麼數百萬個大得多的太陽只能在第 4、第 10 或第 100 個太陽質量時點燃？因為一旦核融合開始，每個太陽都會失去數百萬噸/秒的質量。對此我只能說一件事：太聰明也是愚蠢的。

或者說，親愛的讀者，您對此有所了解嗎？根本沒聽過能量守恆定律的人，有太多不合邏輯的矛盾。這就是所謂的天文物理學嗎？我為自己說出這樣的話感到難過。現實是無情的，總是痛苦的。所以任何想出這樣的東西的人一定有令人難以置信的想像力。在此基礎上，暗能量、暗物質、星塵形成太陽系、光無法射出的黑洞等各種無法解決的問題卻悄然而至。所有其他無法解決的問題都被扔進了死胡同。

這是另一個具有類似結構的版本，可以更好地理解暗能量。暗能量確實存在，但不該這樣稱呼。它只不過是太陽中 β 衰變釋放的中微子。如果這種現像不存在，星係就無法以我們在宇宙中數十億個觀測到的方式形成。同樣，這種中微子發射也是相反的極點，因此可以被視為反重力。然而，宇宙本質的智慧只存在於運行星系的情況下。因此，正如我現在在這裡描述的那樣，您必須進行邏輯思考是有原因的。 背後到底是什麼，又該如何定義這股暗能量的秘密呢？ 我們知道，重力會吸引物質（太陽、行星和暗物質），重力會透過物質相互作用。 然而，這種暗能量現象主要與太陽有關，因此它們可以在很長一段時間內（銀河系中的許多公轉）完好無損地進行其生命歷程。 如果中微子不存在這種反重力，太陽就會互相吸引，太陽係就永遠不會出現生命。 這個過程會自動導致自我毀滅。 一個例子使這一點更加清楚：我們想像有幾個太陽在圍繞銀河系中心並排運行的軌道上。 所有的速度都略有不同，彼此之間的距離差異很小。 最遲（500-10 億年）經過 2-4 次軌道運行後，這些太陽就會相互連結。 然而，由於中微子的存在，它們相互排斥，保持距離，並在引力和中微子反作用力的作用下自行調整到適當的距離。 這意味著：如果恆星 1 距離恆星 2 4 光年，恆星 3 距離恆星 2 6 光年（所有 3 顆恆星都相鄰），那麼恆星 2 的距離各為 5 光年到 1，恆星 2 到 3 的距離也為 5 LY。 這將 Star 2 推向了理想的距離。 這說明一個控制系統已經形成，這讓我們的科學感到困惑。 這些測量結果得出宇宙正在膨脹的計算結果，再次愚弄了科學。該理論也顯示太陽不可能由經典物質（即原子物質）組成。 如果太陽的核心由氫和氦組成，中微子根本無法達到這種效果；它們只會像我們在地球上那樣飛過，因此無法產生太陽上的能量衝動。 這進一步證明所有太陽都是由壓縮的量子物質構成，最初是透過兩個暗物質巨球的碰撞爆炸成數萬億個小太陽，然後經過數十億年形成一個新的星系。 這種形態也是透過技術混沌機率從暗能量（中微子）出現的，但具有空間性質的計畫概念。 為了確保目的地能夠像地球一樣生活，有幾個要求。 （這個在其他章節裡有）

暗能量也是一個悲慘的謬論，即根據數學計算，空間正在膨脹，謝天謝地，這不是真的。 諾貝爾獎甚至是根據一些計算在這裡頒發的。 我只是說這是一場災難。此外， 您還必須考慮以下因素：由於我們在宇宙中觀察到的物質（即不是太陽系中的行星）受到與我們太陽系中完全不同的層次結構的影響（這也導致一些謬誤）這就是為什麼我們必須相應地調整我們的考慮因素。 但這只有在我們人類（或科學）接受我們的太陽不是由氫和氦等構成的情況下才有可能， 否則這又是一個死胡同。因此， 物質的原子序必須重新排列。 目前聲稱約有 68%暗能量、27%暗物質和 5%可見物質。 這永遠不可能真正存在。

在需要重新排列的物質分佈中， 有一種完全不同的成分， 同時將整個編造的騙局拋到了窗外。 據我估計， 可見物質（包括暗能量）約佔 60-70%， 暗物質佔 30-40%。 這裡也可以說 50%到 50%， 也是很有可能的。 當談到可見物質時， 你還必須考慮到所有太陽系和在某個地方奔跑的每一個分子。

在我看來， 暗能量轉化為可見能量， 因為這種尚未識別的暗能量來自於可見的太陽能。 暗物質與這種暗能量無關；它不能由暗物質產生或發生， 因為那裡不存在導致中微子輻射的貝塔衰變。 順便說一下， 這是一個令人難以置信的技巧。

這對暗物質的工作原理來說也是矛盾的， 因為只有在沒有反重力的情況下它才能發揮驚人的作用， 這樣暗物質才能透過碰撞重新找到自己， 從而一切都可以重新開始。 進一步的證據是， 有超過十億個星系很少被迫合併。 如果中微子的反引力不存在， 引力將是星系連續統一中唯一存在的東西。 這解釋了暗能量。 因此， 經過一段天文長度的時間， 會形成一個越來越厚的質量球， 到了某個時刻， 就會只剩下一個厚的 SL 質量， 然後無法找到任何其他質量， 因為它是孤獨的。 所以結論是：它必須像這樣工作， 否則你真的可以稱中微子為幽靈。 再說一次， 他們確實不是。

草圖：7 個暗能量中微子。

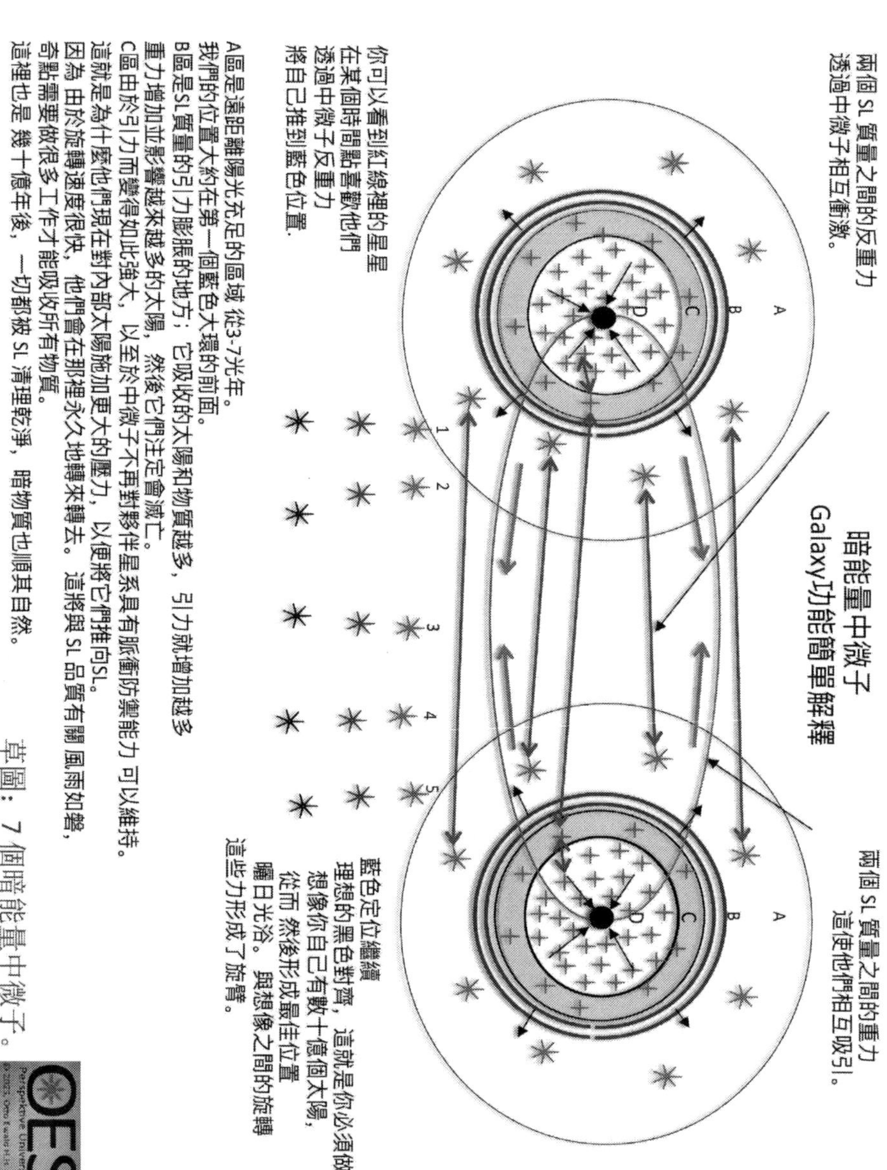

草圖：7 個暗能量中微子。

公式視角宇宙
揭示了可見宇宙的世界觀。

21.) 重力還是電重力磁力？

在 4 種基本力的對稱性中，它們全部結合在一起在 SL 質量中形成一個力，重力總是與來自基本電磁力原點的質量成比例地出現和存在，由高自由電子產生。SL 質量的超導材料允許電流流動。重力沒有限制，因此場力線不能被任何東西屏蔽，這就是為什麼有必要用另一個暗物質（以相同的方式工作）從暗物質（看不見的黑洞）開始一個星系的新開始，所以它仍然是星系，生命永不停息。每個 SL 質量（有或沒有太陽）都將重力作為進一步發展過程的唯一能量消耗，可以理解的是，在 SL 中解決的兩個基本力沒有意義。量子場論和廣義相對論的兼容在 SL 品質中實現。原子世界的兩種基本力都像閃電一樣被拉伸，只是等待具有 SL 質量的太陽通過 Q2、N2、A2 階段再次釋放它們進行核融合的那一刻。如果你在 SL 質量中尋找廣義相對論，你不會找到它，它不存在在那裡，但量子力學或量子場論卻存在。因此，重力可以定義如下。

每個具有質量並位於宇宙（沒有其他地方）的物體都以某種方式受到來自星系磁場、暗物質或在星系外自由飛行的太陽的電磁力到引力的驅動。電子總是具有電磁效應。在原子世界中，只有材料的自由電子，在量子世界中，所有電子都是自由的，並且集中了數萬億次。這種引力驅動是由 SL 質量的磁場驅動的。重力隨質量成比例增加。SL 質量或暗物質（等同於同一件事）根據其質量已達到最大引力，這裡只能透過更多質量來增加更強的磁場，但場線強度不會隨著質量的增加而增加。結果。太陽的磁場大約延伸到奧爾特雲，相當於 1-1.5 LY 左右。來自 SL 質量和太陽的磁力線的干涉波在這個距離相遇。這意味著從一種重力到另一種重力的轉變發生在那裡。從這裡開始，所有太陽的物質粒子最終都會遷移回 SL 質量中。 如果不是太陽引力到達那裡，這個距離就不會有奧爾特雲，因為它就像太陽系一樣會隨著太陽移動。它不僅受到太陽引力的影響，而且還揭示了它的原始起源。整個太陽系的速度剛好超過 80 萬公里/小時。 太陽的極強磁場並非如假設的那樣由氫和氦元素產生；氫/氦混合物無法產生延伸約 1018 公里甚至更遠的磁場。 星系 SL 質量和太陽之間的磁場結構也有相似之處。 這兩種結構都形成一種透鏡盤，這是由於磁場的作用。 水星、金星和地球由相同的材料構成，火星的分類也相同，它們的引力也根據它們的大小而改變。 由於這些行星距離太陽較近，並且都有鐵芯，由於繞太陽旋轉的速度，鐵芯會剪切磁場，因此行星的核心會產生高電流，從而形成磁場相同。 這些來自地球內部的渦流在地球表面一直到月球產生吸引力，因為月球的引力場不如地球。太陽繞其自身旋轉大約需要28天，沒有一顆行星同步運行，這就是為什麼磁力線在行星內部相交並通過電流產生重力，這取決於它們的速度和質量，這就是眾所周知的發電機影響。對於熱的液態原子核，質量也會運動，這進一步增加了它們的磁性。 （中子星）這就是每個行星內部產生引力的方式，這是無法以任何方式屏蔽的。對於沒有鐵核或鐵等不同物質的行星，重力會根據物質而平衡。 重力是 SL 質量電磁現象的一種現象，SL 質量是每個太陽的組成部分，是由所有電子釋放而產生的，然後產生非常高的電流。 太陽核心內部的這些我們無法理解的高電流形成了可以在太陽表面輕鬆觀察到的磁場。 場線隨著與太陽或 SL 質量距離的增加而減少。在地球上的強烈雷暴期間，當出現閃電靜電放電時，羅盤指針會劇烈擺動。

重力是質量中電子的組成部分，是由原子殼層溶解產生的，因為這會導致濃度變得絕對。 SL 質量或太陽是引力的引力

引發者。 因此，場力線作用於每個質量並產生重力。 因此它不在我們現有原子世界的公式中
E=mc2，因為它在陽光下轉化成了「我們不知道的品質」。
這就是為什麼阿爾伯特愛因斯坦發明了時空曲率來定義重力的瘋狂想法。 你也可以說，某種東西的曲率需要物質，無論什麼形式，但在我們的地球或太陽周圍，它們飛行的地方什麼都沒有，只有日光層中每平方米的單個原子。 將球放在布上，然後用重量壓入的圖形表示具有像徵意義，但如何將這種比較與數十億個太陽的軌道等同起來呢？ 這個例子在這裡失敗了，你可以看到它還有其他原因。 愛因斯坦根本沒有考慮清楚這一點。 在將球放入示範布中之前，重力就已經存在。完全是胡說八道。
SL 品質可能會實現強度為 10^{20} 至 10^{25} 特斯拉或更高的場線。有些星系的直徑可達 100 萬 LJ，因此這類星系形成透鏡盤需要重力。 此外，星系（或暗物質）的識別引力是其自身直徑的 10-20 倍，以便能夠被更遙遠的 SL 質量一次又一次地複活。 所以我認為沒有理由相信大爆炸理論。 從很多方面來說，這都是完全荒謬的。 讓我們把我們局限於星系的世界觀公式，它是可以理解的，聽起來可信的，它經不起任何批評的攻擊，因為世界觀公式只有一種。 只有比這更好的人才能扭轉局面。 那隻是科幻小說。
為了更好地理解，這是另一種解釋。
在討論四種基本力之前，還需要提及一件事：萬有引力。 由於在我們的研究中，我們無法在夸克家族中找到任何指向引力子基本部分的東西，例如中微子或所有其他夸克成員，因此可以肯定地假定其起源是在 SL 質量和太陽的物質中。 剩下的就是電重力磁力，然後它像發電機一樣在地球上產生力場。 所以這裡有一個解釋。 電子是這裡的一個組成部分。

我們知道四種基本力：強核力、弱核力、電磁力和重力。 正如我所描述的，如果不存在弱核力和強核力，那麼什麼可能更接近重力，因為它已經溶解在 SL 質量中的結合能中，或者更確切地說是帶電的。 確切地！ 只剩下電磁力了。 但這裡必須做出巨大的區分。

你無法將地球或太陽系中的重力與 SL 質量產生的重力進行比較。 原因如下：在附近（0-500LJ），吸引力強於中微子的抵消能力，除此之外還有一個中性區，它透過吸收越來越多的物質而增強，從而捕獲更多的太陽。 這就像沙漏或漩渦一樣，捕捉周圍環境並將其帶入中心。 在更廣闊的區域，有一些太陽具有類似地球的宜居太陽系結構，就像我們的太陽系一樣。 這裡，這就是與太陽系引力場的差別。 在黑洞或每個太陽中，由於原子世界的溶解（沒有弱或強的核力），所有自由電子都會產生非常高的場線，導致磁場過強。 SL 品質需要它來養活自己。 太陽需要它來在行星上產生重力。 太陽不需要它來養活自己，而是需要它來供應它的行星，讓它們先誕生。 因此，在空間曲率存在或可能存在之前，因為在創生的這一刻，只有熱分子氣體和等離子體在太陽周圍旋轉。 因此可以說，太陽軸的旋轉也導致通過太陽磁場的傳輸與熱氣體相互作用，因為它們是原子物質。 隨著冷卻時間的推移，循環速度也會根據行星的等離子體和氣體質量進行調整。 如果您現在想像太陽是定子，行星形成轉子，那麼太陽的磁力線會被軌道速度穿過行星的內部。 這意味著每個行星內部都存在高電流，導致行星上存在重力。 由於所有材料都是由原子組成的，因此它們都會受到這種引力的吸引。 所描述的這個系統從行星形成之初就逐漸建立起來，熱等離子體暴露在重力作用下。 在這裡，等離子雲首先與太陽的旋轉同步排列。 當等離子體因重力而結合時，圍繞太陽的公轉會產生重力，然後慢慢遠離太陽。 這就是行星在離太陽相應距離的形成方式。 隨著距離的形成，在由物質形成的行星質量中也形成了非同步發電機。 我們的地球就是這樣形成的，重力是 9.81m/s2。 這是反對時空彎曲的進一步基本證據。 氫或氦具有很少的電子和核子，因此可以逃逸並返回 SL 質量，或在氣體行星上凝固。 在木星上，重力會將氫和氦保留在表面，因為重力幾乎是地球上的三倍。 所以重力的底線是電磁力。 這是物理學的新發現。 由於大量的錯誤分析已經將宇宙學引入了死胡同，我們現在不得不慢慢地重新思考它。

22.) 銀河系中的空間與時間。

宇宙中的空間是無法描述的，我們也不可能認清它的大小。如果沒有任何形式的物質，空間將保持在完全真空中，這個空間中將什麼都沒有，儘管空間是有的。 因此，這只能是我們作為人類思考想像力的方式上的錯誤。
從相反的角度解釋，就不會有星系，不會有人類，空間仍然存在，但沒有人會問。 所有星系所佔據的空間都是可感知的，只剩下一些未解答的問題。 房間是怎麼來的？ 有結束嗎？創建空間之前發生了什麼？ 對我們人類來說，只有愚蠢的幻想，不會帶來任何結果。 我們人類今天或遙遠的將來都無法找到這些問題的答案。 在我看來，這超出了任何想像。 由於技術要求，科學將在某個時候達到無法像光一樣從很遠的距離接收訊息的程度。 光的幅度從微弱的紅光變成無光，對我們來說不再存在，但數千光年之外仍然存在更多的星系。因此沒有人知道宇宙有多大以及質量從何而來。 紙牌中看不到宇宙。 我們人類定義的空間是有限制的；宇宙中沒有地板，沒有天花板，也沒有牆壁。 因此，所有星系所在的地方都不能稱為太空。

時間也是人類的發明，它只是用來更精確地定義質量和速度。時間由質量和速度組成，然後變成能量，並由重力維持。也可以說，如果沒有質量（宇宙的內容），就不會有能量，那裡什麼都沒有，因此無法達到可以使用測量單位和時間的速度。這與任何事情無關。空間和時間是絕對壓縮的物質和隨後出現的原子世界之間的分界線。由於 SL 品質的奇點佔據了一個空間，因此只有當我們人類知道它可能在哪裡（如果有任何限制的話）時，才能給出該空間的明確定義。然而，如果你想以同樣的方式衡量時間並知道一切的開始，這裡也只有同樣的答案；現在還不清楚這種時空現像是如何開始的，更不用說物質了。隨著人類知識的增加，這種緊張局勢可能會不成比例地增加。有了這個秘密，我們的太陽系將在某個時刻告別，幾十億年後，人類將透過新星系的演化再次出現，那麼肯定會出現和今天一樣的問題。
時間的零點是 SL 質量中的所有東西都被星系認可的地方。（暗物質）但這只發生在受影響的星系中，如果你同時生活在另一個星系中，那么生活在那裡的人們就會有一個時間。在暗物質中，它是永恆的，因為沒有太陽，也沒有行星。這就是為什麼沒有時間。這是合乎邏輯的。
讓我思考我的發現的是，宇宙中根本不存在時間；除了存在相互作用或其他痕跡的事物之外，我在任何地方都不認識這種時間現象。我認為宇宙根本不關心時間。這只是人類的發明，就像空間一樣，它就在我們身邊，宇宙就在那裡。它對宇宙沒有影響，所以類似的東西不能膨脹，這是合乎邏輯的結論。
或者說，在這個點上，星系的整個質量已經超過了奇點，並且處於我們未知的物質中。情況依然如此。如果某人在另一個星系，那麼他們仍然存在相應的時間，但僅限於他們的星系和太陽系。星系的定義是它周圍有太陽，就像我們的銀河系一樣。 如果這個位於銀河系中心的 SL 質量吸收了所有的太陽，我們稱之為暗物質。 此時星系將透過奇點吸收其全部質量，因此從邏輯上講，它肯定沒有更多的時間，因此也沒有更多的太陽系狀態能量（E=mc2）。原子世界已經消失。但是， 4 種基本力的總能量現在仍然集中在 SL 質量中。 （能量守恆！）星系的平均移動速度約為 1,000,000 公里/小時或更高，質量高度壓縮，因此具有大量能量。 為了放鬆，需要來自另一個星系的類似質量，這會導致該過程再次透過碰撞開始，並從兩個星系中創建一個新的。 （參見 SL Mass）我發現有趣的是我們的名字是針對某些現象而出現的。 有些是他們發現的名字，或像是奇點、史瓦西半徑、時空曲率、黃道、弦理論等。
一個小例子：在地球上你已經 30 歲了。 如果你現在飛往火星，30 個地球年之後你只有 17 歲左右？ 那就太好了，對吧？

23.) 星係可以相互控制嗎？

每個星係都是自給自足、自給自足的。 與另一個星系唯一的交流是引力，因為兩個星系之間的引力非常弱，但對遙遠的物質有相互作用，我可以想像，一個充滿太陽和其他重天體（如暗星）的星系發射的中微子很重要可以看到墊片。 中微了（因為它們有質量）充當間隔物，並且在一定距離內比引力強一些，從而能夠實現太陽之間的控制（參見草圖），從而可以避免平行飛行期間的碰撞，這意味著否則螺旋星雲結構不存在也是可能的。 只有尊重自然法則的基本原理並將其歸因於基本物理重力，才能認識到這種控制現象。 中微子是引力的相反極。 （因此反重力）中微子僅在太陽中透過 β 衰變產生，而不是在 SL 質量中沒有 β 衰變。由於中微子已被證明具有質量，因此它們大量落在 SL 質量上，使其無法飛過。這些可以防止仍然完好無損的星系過早發生碰撞，以免在其生命階段摧毀它。由於我們的太陽的誤差分析可以在這裡進行，它應該由氫組成，這種效應根本不會出現，所有進一步的研究都會悲慘地陷入死胡同。這就是所謂的幽靈中微子的作用，科學界仍在黑暗中摸索。還是你認為中微子被加到夸克家族是因為它們看起來很漂亮？不，每一個夸克都有其存在的權利，以便公正地對待宇宙的本質。如果我們在地球上偵測到 60-800 億個中微子/cm^2，僅給出一個數字，其他 SL 質量的每單位面積必須超過 10^{130} 個中微子，甚至更多。由於 SL 質量中的物質被高度壓縮（夸克族尺寸為 10^{-19m} 至 10^{-24m}），中微子無法飛過那裡。它們直接與基本粒子碰撞並施加脈衝。一個很好理解的例子是，如果你想用一股水流（中微子）沖走蜘蛛網（行星、原子世界）。水流穿過蜘蛛網，幾乎沒有觸及它，但如果你將噴射器放在一片葉子（太陽）上，你就可以把它從你身上沖走。實際尺寸對比顯示，與網球相比，它的尺寸更為極端；原子殼層大小為 10^{-10m}，基本粒子中微子大小為 10^{-24m}，以直徑 7cm 的網球為中微子大小，網目將大 10 兆倍，即相距 7 億公里。這聽起來不太可能，但卻是現實。一切都從那裡飛過是合乎邏輯的。這顯示中微子有多麼微小，以及重力對像我們這樣的原子世界的壓縮程度有多大。這就是為什麼要捕獲這些中微子如此困難。（神岡中微子探測器）

那麼，暗能量（宇宙的 75%），即中微子的產生，將被容納在弱核力和強核力中，因為在這裡這種能量也是從量子的結合能中釋放出來的。但由於能量計算會存在 75%的不平衡，因此此處應進行改進並提供實數。這些數學計算對我來說是次要的，因為它們是由如此多的可變星係以非常可變的方式創建的。為了產生太陽中的強核力和弱核力，即產生整個元素週期表的元素，中微子的產生中包含了β衰變，因此這個過程是暗能量的基礎。
由於暗物質中只有一種基本力+質量，那就是電磁力，同時電磁力也發揮著引力的作用，我們將其解釋為基本力，但實際上可以看作是一種附加力。電磁力的乘積。（重力和電磁力是不可分割的）因此它應該而且必須被視為一種基本力。弱核力和強核力在暗物質中充電為結合能，關閉或放在冰上，等待在太陽中釋放，以便在 ART 作為元素週期表的層次結構下使太陽系中的生命成為可能。那為什麼引力和電磁力總是在一起呢？因為這兩種基本力都是由電子建立和表現出來的。因此，這兩種基本力（電磁引力）永遠無法消除，應被視為一種力。因此，在磁力場中，磁力線與每個原子元素相互作用。因為每一種元素都至少含有一個電子。

23.1.) 重力反重力。

引力是我們在宇宙中所能觀察到的一切的開始。因此，無法想像沒有它的生命，因為它是由電子創造的。無論我們身處何處，無論何處，即使是最小的原子，也會與這種材料相互作用。為了使這種引力不會慘敗並自我毀滅，大自然在其藍圖中發展了一種非常有趣的變體，這些就是所謂的「幽靈」中微子。有了這個假設，我將把他們從他們的精神外衣中解放出來。不知不覺中，它們還沒有被科學正式發現，這就是為什麼它們被稱為幽靈。但這絕對不是真的。它們是反重力的，只在太陽的核融合過程中發揮作用。如果它們也出現在 SL 質量中，那麼重力和反重力兩種力之間就會出現悖論。

這使得像我們這樣的太陽能夠長期存活。 你首先得想出這樣一個超級智慧的宇宙成就。 考慮到這些，根據所有身體條件的規律，這可能會發生，大腦幾乎因過載而沸騰。
非同步馬達是重力的一個很好的例子，這樣可以更好地理解它。 透過電力在定子中產生強大的旋轉磁場。 三相 三相電流 400 伏特，幾乎每個家庭都常見。 轉子的鐵結構會產生很大的渦流。 就像太陽（定子）到地球（轉子）一樣，這裡會產生磁場。這會導致轉子旋轉並試圖跟隨旋轉的電場（定子）。 如果轉子能夠做到這一點，轉子中將不再有感應並且它會停止，因此它不可避免地會空轉。 或者它幾乎是失重的，就像在地球或太空站上自由落體一樣。 如果我們現在給轉子加載並用它來驅動機器，定子會吸收更多電流以再次達到其速度。 這就會導致太陽系的逃逸速度，所以我會向太陽投入更多的能量，地球上的重力會增加，地球會被吸引，或者地球會增加它的速度，或者遠離太陽。太陽，以免被吸引。 這裡應該要理解的是定子和轉子之間的吸引力，馬達中存在約 0.5mm 的間隙，力在此處傳遞。 對我們來說，這 0.5 毫米大約是太陽和地球之間的 1.5 億公里。 地球繞太陽旋轉會導致相同的現象發生。 地球上的引力為 $9.81m/s^2$（牛頓定律）。月球具有相同的磁力線，但月球上較少量物質的吸收使月球上的引力最小化。 如果理論上地球繞太陽轉得更快，引力就會增加，$15m/s^2$ 或 $20m/s^2$。 如果我們理論上開車到地球中心，我們將處於失重狀態，這將是轉子在運行時試圖實現的時刻。即使在國際太空站，我們實際上也只不過是地球的中心。 這就是為什麼太空人在上面是失重的。透過這個實用的比較方案，您可以看到重力只能來自太陽並從其磁場延伸到奧爾特雲。 這就是為什麼你無法保護自己免受重力的影響。 這是反對阿爾伯特· 愛因斯坦時空曲率的另一個邏輯證據。

公式視角宇宙
揭示了可見宇宙的世界觀。

草圖: 8 結合能中微子。

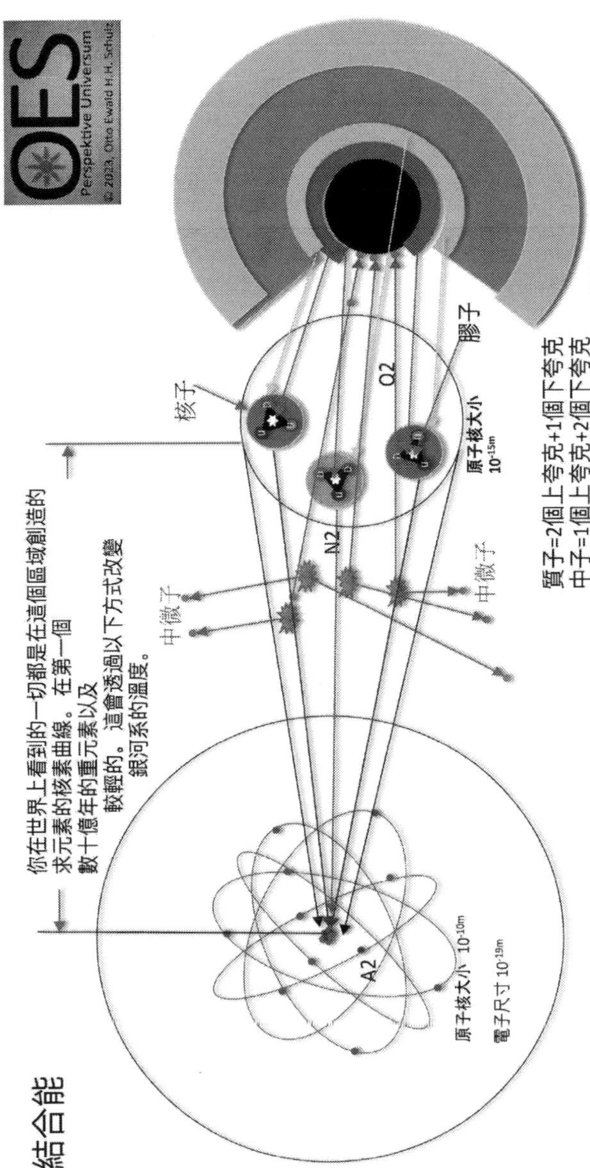

太陽核心的SL質量在混沌理論的機率原理中將所需的夸克和輕子留在Q2區域玻色子被釋放，使得強核力可以透過核子中的膠子結合。這是初級能量太陽因為重力太小而變得自由。下一刻，核素曲線中所有現有的都生成了元素，主要是由於中微子的衰變所造成的。大量的中微子撞擊太陽表面，確保製程受控。如果不是這種自然技術，就不會出現統一性給核子提供能量，否則中子星以後就無法發展。這就是它們形成的地方N2區域透過電子與元素並賦予原子核弱核力。在這篇的最後鏈，那麼射線對我們至關重要，主要歸因於 H2 H3 在氦上的聚變。這過程將在從棕色到黃色的過渡區域發展，然後在日冕上進入原子世界吹了。

草圖: 8 結合能中微子。

23.2.) 應該如何看待空間擴展？

從大爆炸的角度來看，空間膨脹是宇宙中一切事物的根源。這是這個哈伯常數中的第一個蠕變誤差，它導致了與其他計算展開的這個結果。由於沒有人確切知道宇宙有多大，因此無法粗略地假設它，具有邏輯特徵的機率只能導致我們想像中的宇宙是無限的。這些人的心胸太狹隘，無法做出這樣的擴張預測。要仔細觀察這種現象，您需要我在其他章節中已經描述過的能量。更準確地說就是所謂的暗能量和暗物質。那裡也有一個解決方案。現在嘗試遵循我的想法。（草圖使它更加清晰。）
從延續（草圖尺度的宇宙）開始，我們進入了我們還看不到的宇宙，以便讓它更清晰。
想像一個無限大的空間。房間裡有氣球，裡面有所有的星系。我們現在忽略了暗物質，如果考慮到暗物質，將導致星系形成中的結構。現在你知道什麼是暗能量（中微子），這意味著：每個氣球都有一定的反重力能量，因此每個氣球都可以再次膨脹和收縮（在本例中是星系的解體）。取決於星系中有多少個太陽。如果我們現在認為空間是封閉的，我們可以假設它是無限的。現在我們回到能量守恆定律，它告訴我們什麼？確實如此，能量無法導入飛船！能量既不能被創造也不能增加，更不用說被破壞了。我這麼說是什麼意思？每一個在宇宙某一部分膨脹的氣球同時在其他區域收縮，甚至在氣球之間、氣球之間收縮。這是一場由於重力和反重力而來回的遊戲。因此，人們傾向於說可見物質存在膨脹，並得出存在膨脹的結論，這就成了一種謬論，儘管暗物質僅具有引力也不容小覷。只有當反重力不再出現時，這種情況才會變得主導。如果我們現在假設，根據科學計算，大約 70%的暗能量和大約 30%的暗物質存在於我們的可見宇宙中，那麼它也將存在於宇宙的不同區域（我們所觀察到的區域）。看不到）比例反轉為 30% 暗能量和 70% 暗物質。 始終牢記能量守恆定律。 現在我再說一次：如果這些中微子不向其他太陽（星系）發出這種脈衝，宇宙中就不可能形成任何結構或功能序列。 宇宙中所有物質的總聚集。 現在我們要做的就是看看前門外面，看看我們的太陽。 它的核心仍然由氫組成嗎？ 因為如果是氫，中微子會直接飛過太陽，根本不會與太陽產生交互作用。 誰能相信基本粒子中存在某種東西而不被用來做某事？ 大自然會這麼愚蠢嗎？ 我相信一切都有明確無誤的意義，因此也有我假設的空間常數，這在本書中得到了明確的表達。 因此，我們必須再次關注本書的世界觀，因為它回答了所有問題，並直擊主題。 她從哪裡來的？ 宇宙有多大？ 它何時以及如何出現？ 這個問題永遠沒有答案。

24.) 銀河係等星系的計算與形成。

目前存在於我們銀河系中的太陽質量約為 500-600 萬個太陽質量。 當然，在許多星系中更多，而在許多矮星系甚至星系外則更少。 所以不知何故，你的這個估計總是正確的。
碰撞後新形成的 SL 質量重新吸收的物質可能是 50 兆到 500 兆太陽質量，具體取決於星系的大小。 這裡是從墜機後一億年到今天計算的。 這純粹是感覺上的推測，以便能夠更好地想像。過去和現在從銀河系所有太陽中噴射出來的物質目前並不重要，但將在 20 至 1000 億年的生命週期內產生重大影響。
以每個太陽計算的物質損失平均約為 800 萬噸/秒。 x 3000 億個太陽 =2.4^{18} * 3600 秒。 = 8.64^{21} * 24 小時 = 2^{23} * 365 天 = 7.568^{25} 噸/年。 x 100 萬年 = 7.568^{34} kg/100 萬年。 這相當於我們銀河系的 37,840 個太陽質量/100 萬年。 大約 10 億年後，

太陽質量將達到約 3,800 萬倍。 星系的生命週期在 10 到 1000 億年之間，取決於其初始大小。 對我們來說，這可能是 300-350 億年。 在此期間，大約 11 億個太陽質量將因太陽風而從太陽上燃燒掉，並透過分子物質遷移到 SL 質量中。有一個副作用，也可以說是廢品。 這就是每個太陽形成一個由行星和與之相伴的一切的系統。 我們本質上是由原子物質從基本物質演化而來，被它淹沒並成為我們地球的奴隸。
其餘的被直接吸收，只剩下暗物質。 現在你可以把一切縮小一點，從一開始就添加很大一部分，並假設不同的星系大小，這樣你就可以粗略地得到一個近似的結果，從中星系的過程變得清晰，因為這就是我想要了解的這裡。 來自 SL 質量中的星系的能量質量流。 這必須被理解為能量質量流並形成一個新的常數。
結果，SL 質量的引力勢逐漸增加（這裡是太陽和 SL 質量之間的比例比較），而剩餘的減弱的太陽越來越被吸引到中心，因為在 20-300 億年之後，太陽有了這個像我們這樣的已經失去了大部分質量並且不可避免地越來越接近 SL 質量。 我們人類的生命，正如它的誕生一樣，正在不知不覺中被進化縮減。 在這個週期中，銀河系內部的 SL 質量太陽首先成為受害者。 它們中的大多數已經溶解，但並非全部都產生了像我們這樣的生命。 這可以稱為能量循環常數。 這是星系的自然法則，無需任何人為幹預即可完美運作且令人著迷。 請參閱反重力草圖。
以下是兩個不同 SL 尺寸的兩個範例。
在我看來，在撞擊後約一億年幾乎完全重新形成的 SL 質量約為目前質量的 95%，約 600 兆個太陽質量。 透過這種相對深入的計算，如果我們將 SL 質量用於西班牙規模，則其直徑非常小，幾乎為 13.5 公分。 實際上，它的直徑約為 120 光時，即 1300 億公里。

西班牙比較的測量數據；
100,000 LJ = 約 950,000,000,000,000,000 公里：1,000,000,000 毫米西班牙比例尺。
1,080,000,000 公里 = 1Lh
天文單位（1.5 億公里）= 0.157 毫米 西班牙尺度上太陽到地球的距離 100,000 光年：1000 公里或 1,000,000,000 毫米
僅憑我內心的感覺，我可以想像 SL 的質量要大得多，按西班牙尺度計算有 5 米，實際上直徑有 6 光月。 或者說直徑是 4.5 兆公里，看起來還是比較小。 請注意，太陽直徑為 140 萬公里，這裡可容納 40-70 兆個太陽質量。 壓縮物質的核心要小得多。 我認為這些計算是次要的，其他人應該這樣做。 因為太陽大小和 SL 質量大小變化很大，所以你幾乎可以接受任何東西。

可見宇宙的質量大約有多少？

我們用直徑 200 公里的 SL 質量核心來計算太陽。這大約是 700 萬平方公里 x 3000 億個太陽 = 大約 2.5^{18} 平方公里 + 由於比我們大的太陽而多出 30% 的質量 = 大約 3.3^{18} 平方公里 + 迄今為止已經通過重力分類的太陽。 如果前一億年裡大約有 2 萬億個，那大約是 3.3^{18} km^3 質量的 7 倍= 2.2^{19} km^3 現在可以假設，在我們的螺旋星雲和旋臂之間仍然有大約 10,000 個小黑洞質量在四處奔走。 不得不說，這是一個比較糟糕的計算。 這個品質可能與我們現在已經擁有的品質相同。 所以大約 = 4.5^{19} km^3 我想將核心中的 SL 質量分配給太陽與行星的比率，即 SL 總質量的約 99% 作為暗物質 = 4.5^{19} km^3 = 約 4.5^{21} km^3 如果這是我們的 SL 質量，則該球體的直徑約 18,000,000 公里，相當於近 55 光秒。 在西班牙，這意味著 0.019 毫米。 我問自己是否有計算錯誤。 如果您現在將係數

設為 1000，那麼 SL 質量會比我們的鷹嘴豆稍大。 所以 SL 質量大約與我們的太陽系大小相同。
我很慷慨，喜歡中間的，所以因子 500 =
4.5^{21} km^3 * 500*500*500 = 5.6^{29} km^3 這個 SL 質量的尺寸在西班牙尺度上略高於 9 毫米，小於我們的太陽系。 對我來說，這將是我們銀河系的一個誇大的質量，但是這個計算將適合其他地方。 現在我可以將這個質量推論為我們可見宇宙中的 5 兆個星系。 然後就會出現以下內容。 = 2.8^{48} km^3 這就是總的可見質量。
尚未包括在內的暗物質可能佔該質量的 30%，則質量約為 3.6^{48} km^3。重子質量根本不重要。 你可以完全忘記他們。 這個質量被壓縮為基本粒子並指導整個宇宙。 我不想保證這個計算，這是需要考慮的事情。 每個人都應該形成自己的意見。就我個人而言，我可以想像我們可見宇宙中的實際質量要大得多。 目前對暗能量和暗物質的計算都是基於太陽中的氫等。因此，這些計算是基於不正確的基礎。
你看，這另外兩個計算結果相距甚遠，其中一個在 120 光時非常小，最後一個在 6 光月直徑下，對於 SL 質量來說相對較大，但仍然很小。 因為從 5 公尺處鳥瞰，你無法從 100 公里的高度看到馬德里。 更不用說上一段的計算了。 許多星系的真實大小可能介於兩者之間。 也許我對西班牙比例尺 2 公尺到 5 公尺的估計是眾多可能性之一？ 如果我看一些帶有 SL 質量的照片，這些 SL 質量可能有 10-20000 光年的尺寸，這完全是誇張的。 親自看看這個騙局。 我只是想讓你思考一下，因為在如此巨大的質量中何時開始壓縮純粹是推測。中子星包含相同的質量，並且有能力透過它們的引力簡單地吸出這些太陽，這些太陽此時已經是紅色的。 因此，如果胃口好的話，隨著時間的推移，中子星可能會發展成 SL 品質。我們並不確切知道，但你只能想像。 你不能排除它。 對我來說確定的是：如果不壓縮物質，像太陽一樣的能量就無法形成或恢復。 簡而言之; 整個過程無法進行。 到目前為止，還沒有任何表達方式可以描述這種無法與元素週期表中的任何元素相比較的怪物物質。 這只是夸克的世界，而不是廣義相對論的原子世界。 這裡缺少的是弱核和強核。

作為一個可比較的例子，SL 質量中的巨大質量被認為比地球上木材壓縮與太陽光合作用作為能量驅動的比較有效數萬億倍。樹木主要透過葉子吸收 CO_2（氣體），將 C（固體形式）儲存在樹幹中，並再次釋放氧氣 O_2（氣體）。 燃燒時，木材需要氧氣並再次結合形成二氧化碳。燃燒過程中燃燒掉的熱量來自太陽光合作用壓縮產生的碳。 這裡可以看到一個循環，就像壓縮的 SL 怪物質量一樣。 因此，太陽能材料的燃燒過程可以解釋如下：

在 SL 質量中，引力非常強，根本無法產生光，也不會發生熱輻射或任何其他能量損失。 不存在核融合過程，除了重力透過基本電磁力釋放之外，也沒有任何能量釋放。 木材在不燃燒時也會發生同樣的反應。 因為在一定的重力（總是取決於質量）之上，重力不再允許核融合，弱核力和強核力被削弱並失去作用。 原子殼不再存在。 所以你可以將它與木材進行比較，木材不會像 SL 化合物那樣爆炸，它燃燒得很慢。如果太陽是由氫構成的，那麼在那個溫度下它會立即爆炸，因為氧氣也會被熔化。 任何重力都無法保持和控制軸中的這種壓力。 這就是為什麼核武力量正在等待太陽中的核融合釋放出來，然後與整個元素週期表再次形成生命。

SL 質量的本質和目標是儲存、認可和壓縮物質，而不是像最初認為的那樣，引力來自於空間的彎曲，以致連光都無法出來。 這應該有什麼好處？ 這個不成立！ SL 品質中根本沒有光，所以它無法出來。 如果有宇宙的建築師，他會對這樣的說法一笑置之。 這一點可以被否認，因為大自然有它的計劃，並且在它的解釋中不會適得其反。 所以沒有光可以出來或發射。 光（核融合）在這裡應該用來做什麼？ 大自然畢竟不傻。

就像事件視界、史瓦西半徑、奇點等超級複雜的天文學術語一樣，也許霍金輻射和時空曲率都是有趣的詞？ 然而，在宇宙中沒有明顯的需要使用它。 所以其實很簡單，如上所述，有一個非常大、巨大、尺寸巨大的物體，僅此而已。 在這裡，你只需要能夠正確地讀取能量，它就會起作用，不會出現你以後無法回答的問題。 因此，碰撞釋放了這個 SL 質量中的總能量，而這萬億塊能量之一就是我們的太陽。 當撞擊遇到另一個 SL 質量時，像我們這樣的太陽會攜帶超過（推測）20-40 兆個其他小碎片。 這次事故的撞擊速度超過 4-500 萬公里/小時。 （或更多？）每個人都可以想像，這裡會形成各種各樣的碎片，撞擊可能會持續一億多年，直到最後的物質開始再次聚集在一起形成 SL 物質。 最多樣化的星系結構是由不同的撞擊和不同的 SL 質量產生的。 如果品質大得多，它可能會保持完整，而較小的品質會像已經描述的那樣破裂。有些星系的直徑是銀河系的十倍，因此總質量較大。 然而，由於碰撞、偏轉和引力影響或排斥效應，很大一部分（估計約 1%）僅以自尋軌道保留在星系中。 這大致就是碰撞的機率論，碰撞會分解成數萬億個碎片（塊或黏性質量？）。（未知物質）迄今為止，20-40%未到達軌道的質量已被怪物質量重新吸收。 在這種狀態下，其他星系中看不到任何東西，因為它仍然被熱氣體殼隱藏。 很大一部分也可能離開整個星系並偷偷進入其他星系，這可能導致不受控制的爆炸，從而形成像我們這樣的星系星雲（獵戶座星雲）。這大致就是我想像中的星系的結構。 在我們的銀河系之外，也有一些正在失敗的戰鬥中的單顆恆星以及星團，其中較小的 SL 質量試圖建立矮星系。 這一切都符合解釋，而且變得越來越透明。

隨著太陽的旅程，新行星形成的整個過程在未來的太陽系中再次開始，也許新地球上也會再次有人。
根據我們目前的科學發現，能量 100%透過能量守恆定律決定方向。這裡最基本的物理框架條件是我們人類寫下來的，只要涉及原子物質就必須應用在理論中。我們覺得很難理解的量子世界，按照我們的標準是不可理解的，你必須接受它的本來面目，如果你不快點，它又會和以前不一樣了。因此，一定存在一些影響，透過頻率或輻射甚至中微子，在我們的研究這些分析中，我不知道如何影響？但以某種方式操縱它。這就是關於該死的夸克。很可能又是中微子在測量過程中不斷擾亂測量過程；沒有人可以對此採取任何措施或屏蔽它們。它們在原子世界中到處飛翔。
所有其他版本都不夠可信，尤其是公開傳播太陽是由氣體雲和星塵形成的。氫是膨脹率最高的氣體，如果它仍然處於合理的十億攝氏度甚至更高的溫度範圍內，它在行星形成之前永遠不會崩潰。氫的熔點或沸點約為 -273°C 或 0 開爾文。我們的地球，包括水星、金星和火星，都有一個熔點超過 1500°C 的鐵核。該如何想像這篇「論文」？這裡熱力學條件下的聚合狀態相距數英里。壓力要么是膨脹的，要么是中性的，而且到處都是一樣的。因此，太陽不可能由氫作為主要材料組成，也不可能被創造出來。如果你還考慮到太陽的速度，太陽系中的所有參與者（超過 180 個行星和衛星，數十億個小行星和隕石）如何以 800,000 公里/小時的速度停靠在這裡，那麼它可能就結束了。在計算太陽的質量損失時，如前所述，您只需稱量 100 億年來從太陽噴射出的物質。同樣的能量必須事先從氣體物質雲中吸收。這是不可能的，但太陽今天仍然穩定，並且擁有未來數十億年的燃料。能量守恆定律告訴我們什麼？看一看！這種科學知識是錯誤的，並且在所有情況下都違反了我們的物理定律。這裡需要進行官方的科學改進。 我對幾十年來一直向人類宣布這樣的事情感到難過。 這在我的影片中被表達為對人類精神、智力和身體的傷害。

25.) 中子星形成。

但現在到中子星或磁星的第二個結合能步驟是什麼？ 如果太陽核心周圍的包層（對流層、光球層、色球層、日冕等）在一定的重力水平下不再充分結合在一起，質量就會膨脹、膨脹並慢慢從太陽變成紅巨星。 這大致就是我們的科學預測，假設太陽是由氫組成的。 我想與這些科學知識保持距離。有的章節解釋的很詳細，以免胡言亂語。 我對太陽安全運行的考慮不僅僅是將其保持在一起的重力，而且在太陽的受控耀斑中肯定涉及完全不同的力量。
我現在正在談論核融合進程陷入停滯的時刻。 在我看來，由於中微子轟擊太陽核心表面的比例減少，SL 質量（即太陽核心）的結合能的補充將慢慢不再能夠產生足夠的溫度，從而導致進一步的核聚變將不再能夠像不可逆轉的系統那樣維持自身。 在天文時間內崩潰，因此 N2 到 A2 的結合能相停止。 剩下的是壓縮夸克族，其中質子和中子作為最終產品。如果太陽是由氫構成的，它就會分解直到什麼都不剩或爆炸，因為還有什麼可以阻止這種核融合呢？ 那就不會有中子星或磁星。 在核融合的煞車過程中一定發生了一些可以理解的事情。 因此太陽不可能由原子物質所構成。 現在你開始注意到了嗎？
這個過程可能會導致太陽在數百萬年內膨脹並摧毀整個太陽系本身。 她有權這樣做，因為它是她建造的。 宇宙的本質一定已經考慮到這個過程將會有效地發生。 在這次破壞過程中，所有行星和衛星都轉化為氣體物質狀態並遷移回 SL 質量。 剩下的就是中子星。 太陽質量的膨脹只能非常緩慢且不引人注意，因為能量僅為中等且小到天文數字。 估計最大範圍可能為 10-15 光分鐘。 當比較這些物體的大小時，這一點變得非常明顯。 沒有任何基本能量可以顯示星雲的大小，例如獵戶座星雲、鷹星雲或蟹狀星雲，它們的口徑完全不同，可能是由較小的 SL 質量產生的，這些質量在最初的碰撞中被彈射到星系中。 這裡的群眾要大一千倍。 正如我所說：2-3 光時：4-6 光年，這些著名的星雲大約 20,000 倍。

太陽核心中從 Q2 到 N2 的結合能的降低可能會透過同時出現的 3 個能量流的相互連結影響日冕向紅巨星的擴展。 一方面，電磁力相應減少，然後核子表面放電減少，隨著 N2 到 A2 結合能推力中中微子產生的減少，這種現象自動變得明顯。 這逐漸導致核融合停止。 造成不可逆轉的結果。 （這個過程需要數百萬年）太陽的日冕不再得到任何補充，紅巨星（以前的太陽）逐漸吞噬行星。 在這個過程結束時，剩下的只是一個小的、幾乎難以察覺的物質星雲，中心有一顆中子星。 直到現在，中子星變成了危險的飛彈；它原來的速度幾乎沒有改變，但它的吸引力是無與倫比的，或者其他太陽必須用中微子來保護自己免受它的傷害。 它不再具有中微子排斥效應，這可以保護它免受像在太陽下那樣的共謀。 直徑 10 至 20 公里的小中子球本身不足以讓其他太陽遠離它。 隨著星系老化，這種保護作用就會消失，然後這種保護作用會越來越頻繁地發生，直到某個時候太陽、中子星等不再存在。 所以，太陽的死亡也存在於太空中。 沒有什麼事情是永遠的。

這種結合能 N2 到 A2 的抵消主要是由於中微子溶液產生質子和中子的過程減少所造成的，這個不可逆的過程導致了太陽的死亡。 因此，另一種理論可能是夸克族中的中微子枯竭，因為核融合的氮氣供應就會停止。 如果現在能夠檢查中子星的質量，就會發現基本粒子（夸克族）與電子一起堆積在最緻密的空間中。在目前的形式下，我們所知道的所有 4 種基本力都因重力而位於該質量中。 但弱核強強已經無法發展。它仍然隱藏在中子星的緊握之下。 我的猜測是，引力變得太弱，並且處於夸克從原子核溶解的機制中結束聚變過程的閾值。 沒關係，下一次星系崩潰很快就會到來。 這種結合能過程發生在 SL 質量中，並且只有在碰撞後才在太陽中緩慢溶解並恢復一切，現在在該階段結束後在中子星中結束。 所以從 Q2 到 N2 的結合能相不再存在，中子星現在由質量 Q2 和 N2 組成。 從 N2 到 A2 不再發生任何聚變，因為這裡沒有初級能量來允許這個過程發生。 剩下的只是一顆相對較強、具有高磁力的小恆星。 數百萬年後，它可能會完全冷卻，你將不再能夠看到它。 中子星的剩餘質量被保留，因此核融合無法再發生。 他繼續飛行，搞惡作劇，與其他物體合併，或者他的命運在他所屬的 SL 質量中等待著他，只是在某個時刻以更大的質量重新開始。
超級新星可能是相當罕見的事件，其中兩顆中子星（或更小的 SL 質量）在很大的引力作用下發生碰撞。 許多較小的 SL 質量在每個星系中都有發現。 這些只是較大的塊，沒有進入核融合階段，因為它們本身仍然有太大的重力。 根據所描述的能量流分析，星系中發生的所有其他現像都可以被可靠地識別和接受。 因此，超級新星是在中子星和太陽或小 SL 質量之間的邊界造成嚴重破壞的物體，並在天空中以令人尊敬的煙火給我們帶來歡樂。 我認為僅此而已。 按照這個思想觀念，太陽系之外就不存在有原子物質的行星。 當太陽燃燒形成中子星時，它的太陽系總是會被摧毀。 然後，該物質位於星雲中，並被 SL 質量更快地吸收。 由於我們的太陽也將遇到這種命運，就像其他人一樣，這種溶解過程是一種有效的認證，以便快速遷移回 SL 質量，或者中子星隨後會發現自己並可能產生超新星，因此也更快被吸收。 這些是一些能量痕跡，從中幾乎無法得出任何其他結論。 星系之間也可能存在一些無法分類或我們缺乏考慮的不合邏輯的現象。 如果你仔細觀察一個星系的最小細節，那麼一切事物都有其存在的權利，以便在能量流的軌跡上順利運作。

26.) 旋臂形成的建築師。

我們宇宙的年齡可以追溯到 138 億年。 這不可能是正確的。這絕對是值得質疑的，因為這個年齡不是整個宇宙的年齡，而只是我們銀河系的年齡。由於同位素衰變，地球今天的年齡估計約為 45 億歲，地球被認為是緻密固體。創作已經冷卻下來。 如果不是像我所說的那樣，所有星係都必須具有或多或少相同的大小和相同的發展階段，但事實並非如此，事實上，有些星系剛開始發展，其他星系剛剛溶解。 甚至星系的結構也已經形成，這顯然是由於漫長的發展階段所造成的。但這又是我們學者的典型現象，一如既往。 我們在中間，就像地心世界觀一樣，太陽繞著地球轉，地球是平的，然後一切都是大爆炸，現在宇宙也在膨脹，這個清單還可以繼續下去，Hocus Pocus 就出來了在最後。 這也可以稱為狹隘思維。因為我們只是宇宙中數以兆計的地球之一，而且還在增加。這不僅僅是為我們而生的，而且我們不像第一世紀或二世紀那樣，一切都圍繞著地球旋轉。
宇宙的年齡也不是 138 億年！ 這裡可以插入數字，會讓你頭暈的。 這是使大爆炸理論（對於整個宇宙）必須被拒絕的眾多邏輯證明之一，更糟的是：這樣的想法簡直是荒謬的。 最好保持沉默並接受無知，而不是讓這麼多人轉頭。
星系的年齡可以從各星系的旋臂粗略地估計出來。 只有掌握了星系從頭到尾發生的能量方向，才有可能對這種有趣而美麗的旋臂形式進行分析。 由於每個星系，無論有多大，都傾向於形成旋臂，因此也必須假設旋臂形成常數。這與太陽系中的未知物質具有相同的引力工具。這是所有參數相遇形成這種現象的地方。在我看來，這種旋臂的形成包含了自給自足的星系形成的所有必要證據，而不是像科學上假設的那樣，整個宇宙的大爆炸。一開始就是小大爆炸，或者更確切地說，星系大爆炸，兩個 SL 質量一起引爆、坍塌或爆炸。一百萬至十億攝氏度的熱雲與 SL 質量的碎片在這裡以數千公里/秒的速度擴散。膨脹持續長達 3 億多年，取決於兩個 SL 品質的基礎品質的大小。這導致使用新的 SL 品質相對快速地返回核心點。兩個 SL 質量的大約 30% 作為直徑大於 50,000 到小於 100 萬 LJ 的明亮氣體雲位於包絡層中。當我們的星係是一個圓形橢圓星系時，它的直徑可能是 150-200,000 LJ。為了實現這一擴張，人們可以估計氣體雲的平均速度約為 200-300 萬公里/小時，最初為 400-500 萬公里/小時。
撞擊持續了數百萬年，越來越多的太陽追隨已經飛過的太陽。此鋪展帶可以分幾個階段進行擴展。前 1-3 個中隊憑藉較高的初始動量被帶入太空，隨後不會返回銀河系。其他中隊發現它們的軌道旋轉穿過許多障礙，因此它們的速度也降低了。由於引力的不同，這個長達數十億年的基本結構發生了多次碰撞，直到最終形成圓盤形狀。每個星係都有不同的旋臂，就像我們人類有不同的指紋一樣。僅此一點就顯示星系的形成方式不同。在碰撞過程中，你必須考慮這種混亂並嘗試所有的變體，然後你總是會得到螺旋臂結構。這一切都有它的意義，你應該讓這種自然的智慧融化在你的嘴裡，而不是吞下去。我們的宇宙已經存在並且仍然存在的時間，我們人類生活的時間還不到普朗克時間。在最初的 30 億年裡，超過一半的離開太陽被重新吸收到 SL 質量中。主要是未來圓盤上方和下方的太陽受到此影響；這裡的吸引力太強，銀河係不希望在那裡容忍它們。這可以透過北極光在地球上小範圍內觀察到。據說一種現象（中微子）具有特殊的能力來確保太陽的這種循環，它可以在銀河系核心周圍保留數十億年。正如其他地方所解釋的，中微子具有太陽與太陽之間的排斥力。如果不是這種情況，正如這裡所解釋的，太陽有如此多的軌道自轉，它們將通過引力相互吸引並相互融合。這個現象必須這樣看，否則沒有其他答案。儘管如此，在某些條件下碰撞確實會發生，但可以承認事故發生率微不足道。有了這種相對於另一個太陽的距離的反作用力（反重力），它可以與自動轉向系統進行比較，從而在平行軌跡中不會發生破壞性的接近。這裡還有進一步的證據顯示太陽的核心是由中微子無法穿透的物質所組成。如果它是由氫製成的，正如科學上仍然假設的那樣，中微子將飛過其他太陽，排斥過程就不會發生，邏輯上暗能量就被發明了，這證明了無知並假設了空間的膨脹。即使在自己的太陽中，也無法保證精確的能量釋放，因為自己的中微子進行夸克族的構建和分解，然後夸克族可以結合形成核子，在這個過程中將初級能量轉化為原子元素。（Q2 到 N2，然後 A2）。透過重力和中微子的排斥力這兩種力，旋臂形成，並根據太陽的密度，與各種形態的結構對齊。其他能源屬性無法辨識。也不存在其他塑造的可能性，因為無法證明其他能量流。這個過程大約需要 50-120 億年才能形成這樣的旋臂。（取決於大小）這些中微子能量的特性絕對可以從用於識別暗能量的錯誤分析中得出。這個問題已經透過其他可能的解決方案來解決。這是一個介紹性的膚淺解釋，當然不容易理解。我將在下一篇中舉例說明，以提供更好的理解。我對 SL 品質的想法在下面的草圖中再次簡要列出。由於其自身的引力，這對我們的標準來說幾乎是不可理解的，1 立方厘米的密度已經達到了 90 萬億公斤或更多，其體積相當於一個直徑約為 5 光月或更多的正圓球。有了這個尺寸，就可以保證是 SL 質量，因為肯定還有更大的質量。 在比較尺寸時，我們會記住馬德里市的 5 公尺。相對於我們的地球，這個質量始終約為 1：千萬億甚至更多。1 的例子：千萬億。 地球上的水有 4 種物理狀態。 最極端的是來自水的數百萬° C 的等離子體。然後等離子體變成非常熱到冷卻的氣體，然後變成液態，最後變成固態，即冰。 我們例子中的等離子體將是原子世界，太陽透過它擴展、釋放並用所有元素創造生命。 如果等離子體在 SL 質量碰撞開始時（前 1-20 億年）沒有被吸出或冷卻，即被 SL 質量吸出或冷卻，它就會留在那裡，沒有其他地方可以轉移這種能量。因為能量只能從熱到冷。 （能量守恆定律）我們地球上也是一樣。 我們充滿了太陽的能量。 結果，太陽和所有行星都失去了越來越多的質量。 就像在地球上一樣，SL 質量根據熱泵的原理再次吸入等離子體（即來自太陽的膨脹氣體），並將其壓縮，就像在熱泵的壓縮機中一樣。 因為 SL 質量中的壓縮機沒有像地球那樣的機械裝置。 壓縮自身的質量，就像我們幾千公尺深處的海水一樣。 （10,000 公尺水深 = 1000 bar）。 然而，SL 質量距離該球體核心約 2^{12} 公里，直徑約 5 光月。 所以 2 萬億公里。 在這個靠近中間的區域，邏輯上有不同的壓力。 人們永遠無法知道何時達到哪一種聚合狀態。當等離子體體現在撞擊奇點的表面時，它被吸收並將等離子體狀態轉變為氣態。 現在狀態從 A1 變成 N1，氣體被壓入水中。 （實際上，質量和宇宙中的一切都被壓縮，或者電子被從原子中奪走（這是弱核力的死亡）現在你可以幻想並假設不知何故在某個深度有如此大的壓力壓縮繼續進行。我們假設 5000 億公里。從該區域，N1 然後進入 Q1 壓縮，因此達到 SL 質量的絕對壓力。然後冰將位於核心中。水是轉移到地球能量轉移到寒冷並壓縮自身。根據這個原理，我們知道能量循環發生並且永遠不會停止。如果你現在想像兩個超重 SL 質量之間的碰撞，你會發現把這次碰撞想像成地球上的一次，與超慢速延時回放相比。如果你用相機記錄炸藥爆炸，然後想回放，爆炸可能需要一億年或更長時間才能達到爆炸的外環。如果半徑為 10 萬光年寬，而太陽和小型 SL 質量以大約 1.2 或 400 萬公里/小時的速度沿著爆炸路徑出發，我們就知道它們何時到達終點。在數百萬年的同一時刻，這兩個 SL 質量相互摩擦，並將數萬億的 SL 質量小塊噴射到周圍環境中。由於每個星係都有不同的星系臂，這只能歸因於以下現象。這可能會導緻小的 SL 質量像波濤洶湧的射線一樣進入宇宙。就在同一時期，SL 質量的重力再次大幅增加。成為太陽的太陽可以開始形成，這取決於它們的大小，並且透過中微子的反重力，它們可以找到形成。因此，SL 質量、太陽和中微子的引力可以在所有太陽和所有物質之間形成完美的協調。你必須在整體概念中想像這一點，這樣你才能理解它。結果，每個星系在形成時都會失去一部分質量，然後又被其他星系拋回。這創造了蜘蛛網狀的星系結構。我們今天可以觀察到的那些已經落後了數萬億年或更久，因為這個引擎永遠不會停止。認為宇宙始於 140 億年前有些荒謬。這裡有一個簡短的清單，列出了需要從我們頭腦中消失的東西，以便我們可以再次清晰地思考。蟲洞、11 維、瞬時恆星形成、白洞、瞬時太陽系形成、空間膨脹、萬物大爆炸理論、平行宇宙、暗能量、暗物質、幽靈中微子、時空曲率、霍金輻射、史瓦西半徑理論、時空理論，超弦理論，關於哈伯常數的一切，黑洞悖論，背景輻射，當然還有一些要補充的，但我在這本書中的闡述完全摧毀了所有這些想像的現象，因為一個星系只有一種解釋形成。因此，所提出的每一個理論都應該先在能量守恆定律和物理框架條件上進行檢驗。列出的每個表達式都會失敗或失敗。

素描 9：我們銀河系的 週期。

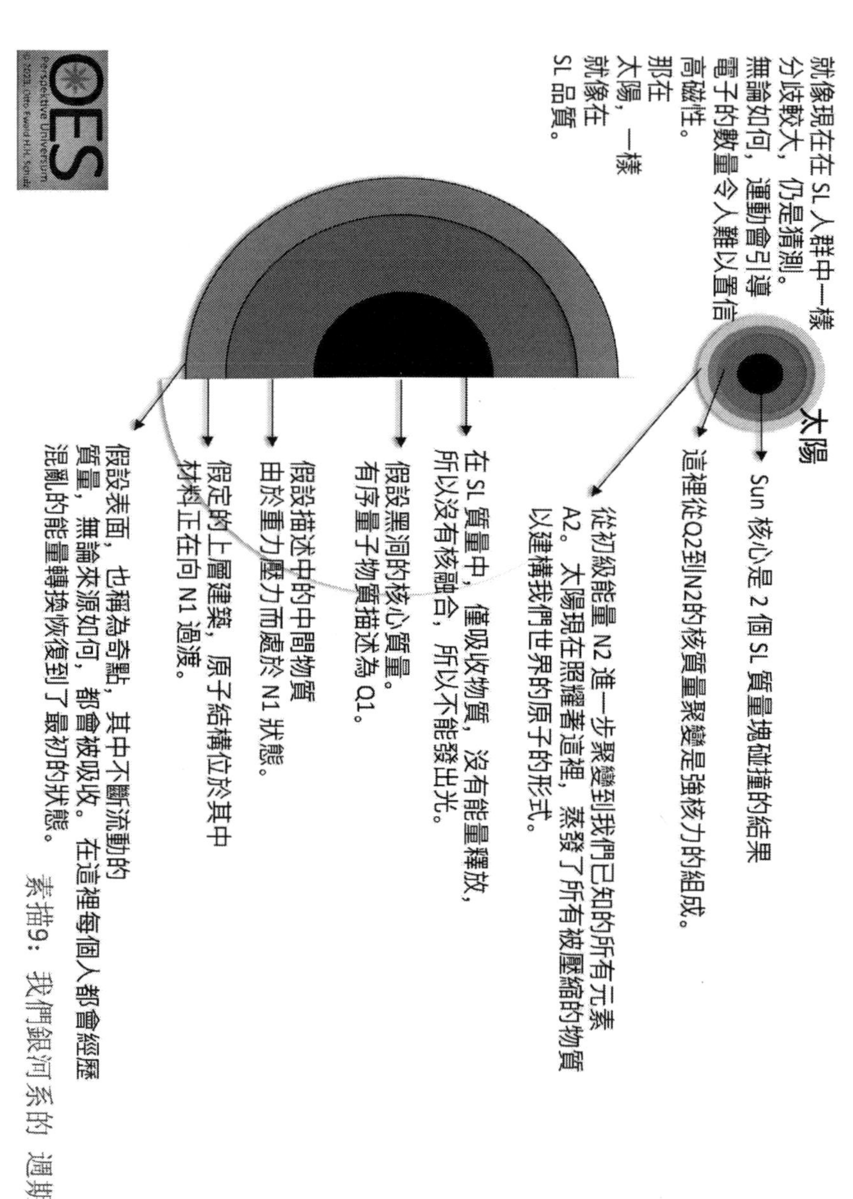

素描9：我們銀河系的 週期。

26.1.) 熱泵和星系之間的比較。

可以很好地比較這個原理，以便更好地了解 SL 品質。因為宇宙間的一切都源自於這個質量。我們假設 SL 質量是最重要的，就像熱泵中的壓縮機一樣。SL 質量吸引其周圍移動的所有物體，就像壓縮機一樣，壓縮機從蒸發器中吸入氣體混合物。SL 質量對所有吸入的物質有何作用？由於其高重力，它通過重力用自身質量壓縮它。壓縮機做同樣的事情，它壓縮氣體混合物，從而增加膨脹側的壓力。這也發生在 SL 品質中，只是時間發生了數十億年的變化。因此，多年來 SL 中發生的情況就是壓縮機在工作時不斷發生的情況。所以微小的時移差異只是 SL 質量的膨脹。正如已經解釋的那樣，這只能是由崩潰引起的，壓縮機在運行期間也會發生這種情況。如果將此 SL 質量分佈為數萬億個小塊，則可以將其與熱泵迴路中閥門的膨脹進行比較。隨著數萬億個小太陽和 SL 質量分佈在軌道上，太陽開始蒸發，就像熱泵壓力閥後面的氣體一樣，這意味著氣體膨脹並恢復到原來的形狀。太陽也做同樣的事情，它們產生太陽系，創造生命，在氣體膨脹的蒸發器中，它在高溫的日子裡為我們提供令人愉悅的冷卻。因此，在 SL 質量的能量供應耗盡後，隨著噴射太陽的到來，該循環再次進入。唯一的區別在於兩個比較系統之間的到期時間。由於熱泵系統必須是完全封閉的熱泵迴路，因此也可以說在大約 100 兆光年的延伸範圍內存在封閉迴路。這就是中微子以其動量能量到達的地方。所有其他星係也會發生這種情況，最終導致有趣的星系結構。有了這些指南，親愛的讀者，您可以使用此處列出的已知能量的所有參數進一步發展您自己的想法。

27.) 奧爾切雲。

從太陽開始測量，奧爾特雲目前的半徑約為 1-1.5 光年甚至更大，它可能會慢慢遠離太陽，並在某個時刻漂移出太陽的引力場。我原本想像奧爾特雲是在距離太陽 4-5 光小時（也許少一點？但絕對與太陽的大小有關）處的凝結效應形成的，因為直到今天，它仍在繼續向遠處漂移。當太陽周圍的空間（半徑 4-5 光時）冷卻時，太陽風的脈衝引起，帶有補充能量的太陽風作用於奧爾特雲，引起脈衝。就在這時，空間從半徑約 5 光的地方開始變冷，並持續降溫，一直持續到今天。這發生在大約 60-70 億年前。這裡，聚集態形成第一批液態物質的地點和時間是最佳的。由於能量總是從熱到冷，這個過程是可以理解的。形成的物質來自太陽風的物質，太陽風被更熱的環境困住了數十億年，是我們行星和衛星的建築材料。由於較高的壓力試圖補償較低的壓力，因此沒有其他論點可以反對奧爾特雲的衝動在這裡出現的事實。因此，外部壓力透過凝結作用將奧爾特雲形成一個保護殼。撞擊後的前十億年裡，最佳凝結的條件再好不過了，太空中太陽風的壓力和溫度很高，太陽風周圍的空間溫度也更高，所以有從內到外的壓力均衡只可能是這裡產生了衝量，將奧爾特雲向外驅趕。然而，此原理僅在內部壓力增加且同時外部溫度隨壓力降低時才起作用。需要數十億年才能達到這一點。現在，您可以確定目前奧爾採雲的距離約為 1.2 光年，並計算脈衝速度。10 兆公里相當於約 1.2 光年，除以 60 億年，則得到 1660 公里/年，然後以約 150 公尺/小時的脈衝速度排除約 10 億年的凝結期，因為奧爾特雲的寬度或厚度為 0.2-0.3 光年。由於奧爾特雲像一個圍繞太陽系的保護球一樣形成，因此它對圓盤形成的影響不受太陽引力的影響，就像太陽在後來發展的行星上成功完成的那樣。這只是一個令人愉快的巧合，還是這個過程可以包含在太陽系常數中？不，這不是巧合，這是一個完美的計劃。由於奧爾特雲的厚度，這種凝結過程肯定持續了數十億年。只有到那時，凝結密度才會達到接近隨後形成的盤的水平，否則柯伊伯帶的碎片也會最終進入奧爾特雲。

28.) 核融合反應器核融合科學。

在不久的將來的某個時刻，核融合科學將會經歷一次震動，因為我的言論可能無法在一代人的時間內阻止這些大型核融合反應器計畫。這不僅顛覆了科學，甚至變得荒謬，而且並非我的本意，因為在這裡（不僅是法國的 ITER 項目，而且是全世界）我們的科學正在試圖建造一台永動機。我們知道這行不通！我們生活在一個能量只能轉換的原子世界。鈾和鈽也使用大量能量聚變為原子核，並透過裂變釋放先前施加的能量。這不是一代，只是原子分裂中帶有苦澀餘味的轉變。

所以核融合反應器只能否定它虛幻的能力，它傷害了我的靈魂，但你無法透過白日夢獲得無限的能量。那裡有一把鎖，你必須看到它。能量守恆定律根本不允許這麼做。在此，請各位高水準科學家認真思考我的想法。秘密就隱藏在弱核力和強核力的重心處，隨著第一個 Q2 到 N2 和第二個 N2 到 A2 結合能的釋放，這個初級能量是進一步核融合過程所需要的！我們地球上不再有它們，它們只存在於太陽中。 在我們的例子中，等離子體必須由傳統能量產生到 1 億度，然後才能用強磁性來控制它。 這是初級能量的一部分。
近 50 年來，許多顧問、科學家和負責人以及各國政界代表都對核融合這項技術寄予厚望，否則也不會投入數千億歐元進行研究。 聽起來很有希望，但外表可能具有欺騙性。太陽不是由氫構成的。 一個簡單的錯誤分析就會導致慘敗。錯誤的信念會導致令人難以置信的高期望投資，因為如果沒有期望誰會投資呢？ 為了轉向再生能源，必須先放棄這些核融合能源的幻想。
我們在這裡談論的是可以在地球上使用的各種可再生能源；它們僅來自太陽，並且僅來自太陽存在的那一刻。 我們都知道這一點，而且這也不是什麼新鮮事！ 嘗試創造永動機是人類數百年來的夢想，但今天這樣的想法不再被專利局接受。 這已經不能再討論了，這簡直是荒謬的。 就連偉大的達文西也嘗試過，但根本不起作用！ 但這麼多年他又知道什麼呢？ 因為我們生活在一個原子結合能幾乎處於相互作用的最後階段的世界。 地球上具有 α、β 和 γ 輻射的放射性元素除外。 為了更好地理解它並更好地評估這些令人討厭的放射性，讓我們來看看元素的核素曲線。 您很快就會注意到，從最簡單的氫到最複雜的元素，只有具有不同電子的質子和中子才會移動到核素曲線的頂部。 這種最多樣化元素的形成並非巧合，也不是簡單地在陽光下就能形成的。 為了創造它們，必須釋放結合能。 這意味著原子分裂時釋放的能量至少與將它們聚集在一起的能量相同。 原始能量，即核融合前從氫原子向上的一次能量，並不是核素曲線中的整個原子。 作為一個可以理解的例子，想像一下太陽的核心是由電子顯微鏡無法單獨看到的基本粒子所組成。 每一個基本粒子都屬於夸克家族。 有一些甚至更小。 （參見中微子）這些微小粒子形成小圓形核子，釋放能量進行結合。 每個核子要不是質子，就是中子。 電子在所有這些核子之間竄動。 透過純粹的機會理論，所有可能的元素都會形成，從而引發大範圍的貝塔正負衰變。 這些核子在吸積到 SL 質量中之前具有先前原子殼層的壓縮結合能。 如果這種結合能的相互作用被釋放並且可以形成原子殼層，就會產生一個新原子。在這個過程中，釋放的能量比後來氫與氦的另一次核融合的情況要多。 換句話說，這就是將 1 km^3 壓縮為 1 cm^3 所需的能量壓縮壓力（量子動力學的引力壓縮）。 這是地球上核融合反應器所缺乏的主要能量。 由於氫原子最簡單，因此產量也最多。 氦與此密切相關，透過與氫 H^2 和 H^3 等的核融合而成為氦原子。 這種結合能在陽光中透過不同的能量來表達。

從這裡開始有兩種不同的基本力，一方面是弱核力和強核力，沒有第一和第二結合能，僅用於定義原子核及其電子。 因為它們只存在於原子世界中，而我們知道它們存在於地球上。 受到太陽風的排斥，它們甚至透過北極光到達我們的地球，並以原子和分子的形式落到我們的地球上。

超過 99% 的太陽風透過日光層被送回銀河系的 SL 品質。

在最初的 80 億年裡，太陽風在奧爾特雲的保護下被更熱的太空捕獲，然後行星從奧爾特雲中形成。

素描：10 核融合無法操作。

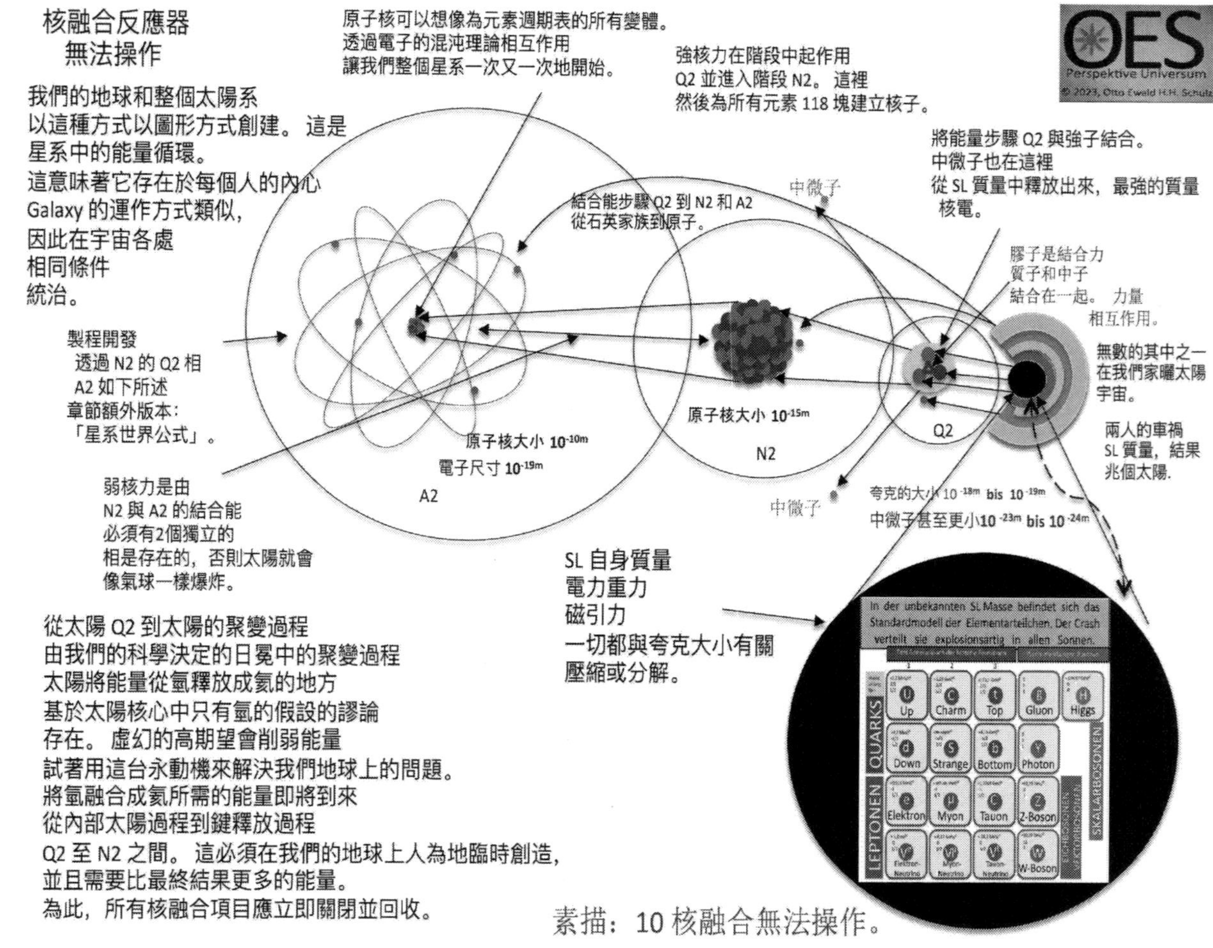

29.) 中微子能源是未來還是現實的科幻小說？

如果你觀察中微子之類的東西，你會發現這是這項技術的發展，可以與智慧型手機上的第一個摩斯電碼比較。所以今天我們處於中微子摩斯電碼時代。那麼問題來了，中微子技術能帶我們走向何方？

我已經清楚，我不需要等待 Katrin（中微子尺度）5 年的測量數據分析，中微子有質量，這是肯定的！雖然可能只有 1 eV/中微子，但這根本不重要，但最終它們加起來達到每秒每平方公分數百億。感謝我建立的世界公式，我知道我們實際上在日冕或太陽核心處理什麼能量。太陽輸出的光和熱太陽常數到達地球外層大氣時的能量為 1367 瓦/平方公尺。中微子的能量比中微子高 1000 倍以上。當然，乍看之下這聽起來難以置信，但也並非不可能。前提是第一結合能釋放之間的恆定過程。Q2 到 N2（參見未知物質）這裡永久釋放的能量比氫和氦之間的核融合過程多得多，這也促成了這一點。因為所有 +ß 和 –ß 在陽光下都會衰變，富集了穩定核素曲線周圍最大比例的中微子。最初，中微子並不是為了讓人類能夠以電流的形式直接從中提取能量。或者也許有雙重效果？在這裡你必須再次看到整個星系，它的所有太陽都位於一個星系中。讓我們想像一下兩個宏偉的星系：仙女座星系和我們的銀河系。兩個星系仍相距約 250 萬光年。兩個星系透過引力相互識別，並相互加速，但因中微子而減慢了速度。在某個時刻，兩者的吸引力和中微子相互作用的排斥力之間的點將作用於星系中其他太陽的質量。兩個星系中的每一個都不可避免地將中微子拋向另一個星系，並透過這種質量拋射將中微子推到其他太陽上。如果有足夠的想像力，這種效應也可以解釋為暗能量。由於太陽具有絕對奇點的核心質量，中微子無法穿過該質量；在我們的例子中，在行星的原子質量中，它們穿過原子殼的高孔隙率。這次又一次證明太陽不可能由氫構成。因此，兩個星系將彼此推離某個死點。只有當一個星系死亡時，2 個 SL 質量體才能再次相遇。中微子使兩個星系保持一定距離，因為在一定距離處這種效應比重力更強，此時達到兩個星系之間的死點。為了更好地理解這個例子，將帶有噴嘴的水管放在塑膠防水布上，並將塑膠防水布推開。（水柱 = 中微子，塑膠片 = SL 質量和太陽核心）在另一個星系中也是如此。例如，塑膠防水布是太陽核質量，中微子大小為 10^{-24m}，反對夸克家族的絕對奇點，它不允許飛行穿過這個緻密質量。或將相同的水管放在粗網狀的網上，網（網=原子殼）不會移動，水可以不受阻礙地流過，這裡中微子的大小為 10^{-24m}，而原子質量為 10^{-9m}。粗網狀網是我們所處的原子殼的原子世界。中微子比原子殼小 1,000,000,000,000,000 倍。你看，粗網是一種嚴重的輕描淡寫，只能幫助理解。事實上，如果中微子有網球那麼大，那麼網眼的寬度將達到 70 億公里。這已經解釋過了。兩次總比沒有好。中微子使兩個星系的這種接近保持一定距離，直到數十億年來所有太陽都退回到 SL 質量中。這個過程像完美的發條一樣運作並相互融合，這就是為什麼你很少看到星系彼此混合，只有在錯誤編程的電腦模擬中才會看到。按照邏輯，在這階段我們可以觀測到 15-20% 的星系，甚至更多。因此，在所有或幾乎所有太陽都得到認可之前，不會發生星系混合。這只是一個清晰的能量追蹤問題。任何理解這個系統的人都在路上。

這種中微子的永久能量存在於太空的所有區域，但強度不同。中微子濃度隨距離成比例降低，熱輻射和光強度也成比例降低。同樣的效應也發生在星系本身，太陽相互推開，因此它們不能碰撞，但只有當飛行方向平行時才會發生；碰撞過程

沒有解決方案。 這種效應與暗物質無關，暗物質的作用略有不同。 （見暗物質）

為了讓面向未來的時代的中微子摩斯電碼時代更加精彩一點，激發了我的想像。 已經存在用於收集電流的薄膜，但其對於電能利用的效率尚不高。 一旦一個想法誕生，研究就不會停止，直到從中汲取最大的能量流，也許再過 100 年，但在我們地球即將到來的時代裡，這些短暫的時間又算什麼呢？ 雖然我個人認為我們甚至無法將這種材料運送到這裡來產生電能，但這現在應該是一個理論上的場景，實際上這是不可能的。 有了這項技術，科幻版變成了真實的事實？ 有了這種中微子能量，汽車無需加油即可飛行，甚至可以透過在車內直接生產氫氣來實現超音速。 即使你的想像力很少，你也可以飛到其他星球，如果你的思考方式中沒有這種能源，這是不可能的。 新的篇章就此揭開，前所未有的可能性引發了中微子科技的挑戰。 有了量子電腦或其後繼者，我更加確信人類將為人類創造一個與下丘腦的接口，並透過激素操縱來強制永生。 舉個例子，一個人正常可以活到 30 歲，然後透過荷爾蒙的操縱，他們的生物年齡被重置為20歲，然後如此循環往復，直到無窮大。 但這只是開始。 我們是否已經知道宇宙是如何形成的問題仍然懸而未決。 除非有其他的想法，引導科學走向方向，因為首先總是有一個想法，然後討論，當然批評，這會導致進步。

現在回到中微子能量。 我現在對中微子的看法是以前沒有人想到過的，因為自然界中的一切都有其意義，為什麼它會這樣運作以及它有什麼用途。 我們只想到太陽輻射；沒有它，生命就不會出現。 中微子是由下層直至日冕的β+和β-衰變產生的。 與其他太陽和星系的可能距離的解釋是這裡可能出現的一種可能的能量結構。 太陽自身的超恆定能量輸出證明了更有可能的情況。

世界上最精確的秤；這簡直就像是一件傑作，令人難以置信！
https://youtu.be/1w_B0xeR3jo?si=c_i51meYm3IKIcsJ
因此，如果太陽是由氫構成的，就會發生波動，甚至可能導致徹底毀滅。這是一個太不安全的系統，不能被燒毀。一定還有別的東西：氫和氦作為太陽的主要能源根本不可能。核融合過程是在太陽脫離 SL 質量並因巨大的溫度（<十億攝氏度）而點燃後不久開始的，因為它也獲得了自己的引力，換句話說，它擺脫了絕對引力壓力。同時，*β* 衰變的核融合開始了，現在它發生了："中微子開始排斥其他碎片（太陽和 SL 質量，但要小得多），但也用中微子轟擊自己的太陽射擊"。你可以把它想像成一個噴砂機，從各個方向、短距離，也就是從太陽日冕到太陽核心的高強度撞擊太陽核心。沒有剩下什麼了，因為每次 β 衰變都有 30-40% 撞擊太陽的核心。剩餘的中微子由太陽向外發射。太陽核心具有絕對奇點，即所有基本粒子都被先前位於 SL 質量中的太陽緊緊壓縮成純對稱，中微子無法飛過該質量，中微子無法穿透。在這裡，大量的中微子創建了一個安全的解決方案系統，夸克家族透過第二個結合能從高度壓縮的質量聚集在一起，形成中子和質子作為核子。例如，就可理解性而言，這個過程可以與我們星球上木材的燃燒進行比較。當你比較它們時，你會產生一種平等的感覺。太陽中的質量被 SL 質量中的重力壓縮，而木材則由太陽能光合作用產生壓縮。兩者以大約 10^{18}:1 單位的比例儲存能量。甚至點火裝置也可以比喻為碰撞事故中的太陽，溫度極高。甚至可能兩個單位的比例相同。木頭的情況也沒有什麼不同；在這裡，僅僅一根火柴是不夠的。首先必須達到溫度（150°C），以便氣體可以從木材中逸出進行燃燒。當燃燒時，太陽中的第二個結合能首先是核子的形成，這可以等同於木材內部熱氣體的形成。

在太陽上核融合序列與原子殼的第一個鍵結步驟中，在木材燃燒過程中，碳與氧分子會轉化為二氧化碳，這裡是熊熊燃燒的火焰。在這兩種情況下，能量都以相同的比例釋放。持續能量釋放的受監管措施也具有相同的行為。一方面，太陽透過中微子轟擊地函核心，而木材則透過木材周圍區域的氧氣轟擊。如果增加木材的氧氣供應，它會燃燒得更快、更強烈。這個過程可能會透過向太陽核心增加更多中微子而對太陽產生類似的影響。中微子調節連續且安全的聚變形成過程。可能用不了多久，這種現象就會得到科學證實。（中子星將無法獲得中微子供應）（木炭中將缺少氧氣）研究結果可能已經非常接近了。但我們的稅金一次又一次地被投入到無望的核融合中。這一事實最終駁斥了核物理學家透過地球上的核融合反應器產生能量的嘗試。（以法國 ITER 為例，投資金額達兩位數）

30.) 全球每年的能源消耗。

氣候變遷不只是昨天以來全世界都在熱議的話題，為了說服這裡的懷疑者，你也可以說：盡快擺脫化石燃料！這些非常重要的碳化合物一定不能那麼容易燃燒，誰知道我們在遙遠的將來會用它們做什麼。日益強大的能源轉型積極分子正在敦促政界人士採取行動。儘管仍有足夠多的政治決策者不希望看到這個過程，但這種自私的態度將影響整個國家的責任。只有對有關國家造成很少或沒有經濟損失的明智概念才能為最後的橫向思考者提供救濟。一般來說，理性會取得穩定進展，但在非常大的專案中永遠無法得出完整的結論。聯合國可以在這裡建立一個全球階級制度，以便控制化石能源釋放造成的破壞過程。

為了成功轉向再生能源，其規模必須比目前全球一次能源的擴張高出許多倍，以便在某個時候能夠進行補償。我說的是目前全球每年 20 萬太瓦/小時的能源消耗 + 每年約 3-4% 的擴張，這是（唯一？）全人類的需求。因此，每年至少有 6,000-7,000 太瓦/小時的電力、熱力和冷力再生能源輸出應生態轉化為再生能源。顯然是透過光伏和紅外線吸收以及冷能安裝的。風電與離岸風機一樣，由於後期回收過程複雜、攤銷較晚，因此具有較高的生態阻力，同時為消費者帶來較高的能量損失。這些系統的可持續性沒有未來。這些設施是留給子孫的環境保護遺產。正如其他部分已經解釋的那樣，核融合產生能量無法彌補化石能源的不足。目前，只有中微子能量仍處於進化過程中並且具有驚人的結果嗎？我不相信在某個時候會有突破，這就是為什麼我同意這裡物理學家的觀點，即它可能無法在實踐中發揮作用。更多有關中微子能源的信息，請形成您的意見。所有其他類型的再生能源要么已經耗盡，要么只能在有限的範圍內使用，但它們的輸出從未達到太瓦範圍，因此對於改變氣候變遷的整體概念來說毫無意義。

31.) 再生能源向化石燃料轉變。

為了讓每個人都明白這意味著什麼，目前全世界正在安裝每年輸出功率低於 100 太瓦/小時的能源系統。然而，全球一次能源的擴張高達 70-90 倍，這意味著化石燃料的消耗順理成章地必然迅速增加。例如，您必須跳上一列行駛速度比您跑步速度快 70 倍的火車。對於以 35 公里/小時的速度行駛的短跑運動員來說，這意味著必須以 2000 公里/小時左右的速度追趕。那應該如何運作？

以下是全球每秒轉化為不同類型能源的化石燃料數量的簡要概述。
140 立方米石油/秒，280 立方米煤/秒。 天然氣產量約 14 萬立方公尺/秒，其中天然氣成長率往往更快，煤炭成長速度有所放緩，但兩者最終都會擴張。
這意味著目前的再生能源裝置擴張從 3-4%減少到 2.8-3.8%。
沒有人能這樣到達那裡！
從自然地球表面的生態災難到為單一農業種植瀝青、混凝土和砍伐森林地區的轉變仍在增加。 這大約是 4000 平方米/秒。在世界範圍內，造成了生態方面的災難。 過去 30 年來，透過新技術實現節能的飽和過程不斷加劇，而且很難顯著改善。與某些領域一樣，已經達到了極限，剩下的唯一選擇就是嘗試軟體詐欺。 房地產仍然有很大的潛力，而且也面向未來的能源系統。 在農業中，由於人們的健康，趨勢已經轉向有機，這意味著必須提供更多的能量。 透過電動車，二氧化碳排放量只會從一個角落轉移到另一個角落。 這對全球二氧化碳排放不利。 在這裡，二氧化碳排放稅欺騙了消費者，但並沒有減輕環境或氣候變遷的負擔。 相反，全球範圍內的二氧化碳污染實際上由於電動車的流動性而增加，因為電動動力不是綠色的，而是從化石燃料中獲得的，損失是不可避免的。 同樣，電動車本身也不是未來。 有太多的負面觀點，我的主要觀點是電池。 這種能量儲存系統隱藏了從生產到回收的問題，這些問題與永續性無關。 僅靠原料的獨立並不能導致全球性的中立競爭。這就是為什麼我個人提倡氫推進，在該技術完全開發之前，氫推進應該得到混合動力電力驅動的支持。 最佳範圍為 30-50 公里。 我這麼說是因為在城市交通中，即在走走停停的短途行駛中，可以節省能量，並且制動能量也可以反饋到電池中，當然在氫或電力驅動的長途行駛中也可以。

如果該技術還包括太陽能電池作為設計，那麼改進幾乎是不可能的。 水隨處可見，電力必須是綠色的。

32.) 氣候變遷解決方案。

如此龐大的最終解決方案將如何或能夠產生？ 這個養育近 80 億人口的耗能怪物需要這種食物才能生存。
首先，我想說，這裡還沒有人成功地應對這種不斷增加的能源採購。
此外，還有其他生態框架條件是我們人類必須遵守的，否則我們就會在前面破壞後面正在建造的東西。
因此，它必須是高效的、生態的、長期功能的、不易維修的、幾乎可以在任何地方使用、可以快速實施、可以工業化製造、在各方面都有優勢、可以承受自然的力量，更好的是，可以作為自啟動者進行經濟融資，因此每個建築商都想要它並且獨立於它的能源供應。 這當然是能源公司的眼中釘。 但我們現在想要什麼？ 繼續賺取高額利潤還是阻止氣候變遷？
為了消除所有疑慮，使這一概念的全球趨勢得以實施，使這種可再生能源形式的開發發揮作用，如前所述，有必要退役核聚變技術，以便集中精力需要改進並停止對這些實驗的投資資源必須重新轉向再生能源概念。
這個概念的主要能源直接且僅來自太陽。 光伏電池在電池下方被冷卻，介質的能量被儲存在地下深達 200 公尺的鑽管中，能量在那裡擴散並保留。 這種情況會持續整個夏季，除了需要供暖且會立即使用該能量的日子。 就像來自夏季的永久熱能一樣，來自冬季的冷能也儲存在地球更遠的地區。 就如同在地底深處一樣。 由於冷卻過程不允許發電效率下降約 25-40%，因此發電效率很高。只要有可用的熱能，全年都會獲取，當然主要是在夏季，然後在冬季使用，無需熱泵技術。如果地熱能下降到臨界值，熱泵就會啟動。這樣的系統可以利用我們在控制技術方面的技術來實現。流動溫度最高可達 25°C。同樣，太陽能電池在冬天也會升溫，從而儲存冷量。這意味著這種冷能在夏季用於空調，以轉換為電能。這意味著冷能可以直接等同於電能的熱力學效率。在紐約、西班牙、義大利、俄羅斯等緯度地區，冬季低於-20°C 的冰凍溫度並不罕見。夏季溫度超過 40°C，其他系統無法達到更高的效率。這些建築物不再需要任何額外的能源；相反，它們將電力釋放到電網中。根據這些系統可以建造的規模，它們相互支援。因此，正在建立分散式連接，以確保生物發電廠、氫發電廠、風力發電廠和其他再生能源發電廠在前 100 年的供應。
一旦總產量足以實現自給自足，能源將用於氫氣生產和機動車輛電池充電。作為臨時解決方案，這是無法避免的。這將創建可以在後續階段相互連接的能量中心。（這個概念的實施是自洛克菲勒用油燈為化石能源提供動力以來的回歸。）高壓架空線路的擴建將只需要在有限的範圍內使用。最好逐漸從交流電切換到直流電，因為渦流的損耗會導致大量能量被浪費且無法收集。這就是直流電的優點，就像我們的車一樣。節能房屋中幾乎所有東西都使用直流電。如果有人需要交流電，有合適的轉換器可以提供協助。這個概念的實施最初類似於建造一台戰爭機器，以擺脫這種化石能源的束縛。這需要幾代人的時間，但我們的創造力，透過我們的智慧將成為這個創新階段的驅動力，正在將我們的地球轉變為一個具有良好前景的穩定的未來。氣候變遷造成的破壞對我們全世界的文化造成了難以置信的破壞，每年都有更多的人喪生，更不用說由於乾旱和洪水（包括颶風和龍捲風）而導致的農業損失。甚至建築物的建造也是革命性的，也是這個過程所必需的。這體現在隔熱、內部技術和能量分配方面，以實現健康的居住性。從生態角度來看，每平方公尺的效率已達到最大，但仍有可能實現更多。簡短的實施計算提供了有關這一萬億歐元生存戰略規模的信息。大家都知道，如果清楚了解這個情況，是可以實現的。我們人類有能力做任何事，只是需要透過高度的動力來實現。只有當出現更好的替代方案時，才會尋求避免這種概念的決定。當然，要將如此巨大的能量從化石礦脈中分離出來並不容易。這包括我們人類想要停止二氧化碳排放並透過再生能源再次減少二氧化碳排放的每項措施。我個人不知道還有像氣候變遷解決方案這樣具有這種潛力的選擇。僅熱能和冷能就超出了所有人的預期，遠遠超過發電量的 5 倍。一個重要的方面是每平方米的高效產量。光伏和太陽能熱能。目前，綠色能源裝置處於太瓦範圍內，因此甚至還沒有接近拍瓦範圍的擴展範圍。基礎必須在歐洲奠定，這樣它才能傳播到其他大陸。透過這種自我延續的解決方案，可以為未來的建築商設計有趣的概念，因為能源是房屋最昂貴的成本之一，我們不知道未來會為我們帶來什麼。同時，應該考慮讓所有多年來透過無情的二氧化碳排放損害我們的環境的大公司能夠在經濟上充實自己，而這一切都是以犧牲公眾利益為代價的。每個公司和富有的個人都應該自願認識到，他們必須為氣候變遷今天為我們帶來的帳單買單。如果當時負責工業化發展的人知道今天的氣候變化，我認為不會採取任何措施來應對。如今，事情已經達到標準了。這就是為什麼現在是採取行動的時候了。

公式視角宇宙
揭示了可見宇宙的世界觀。

素描：11 魂鬥羅氣候變遷。

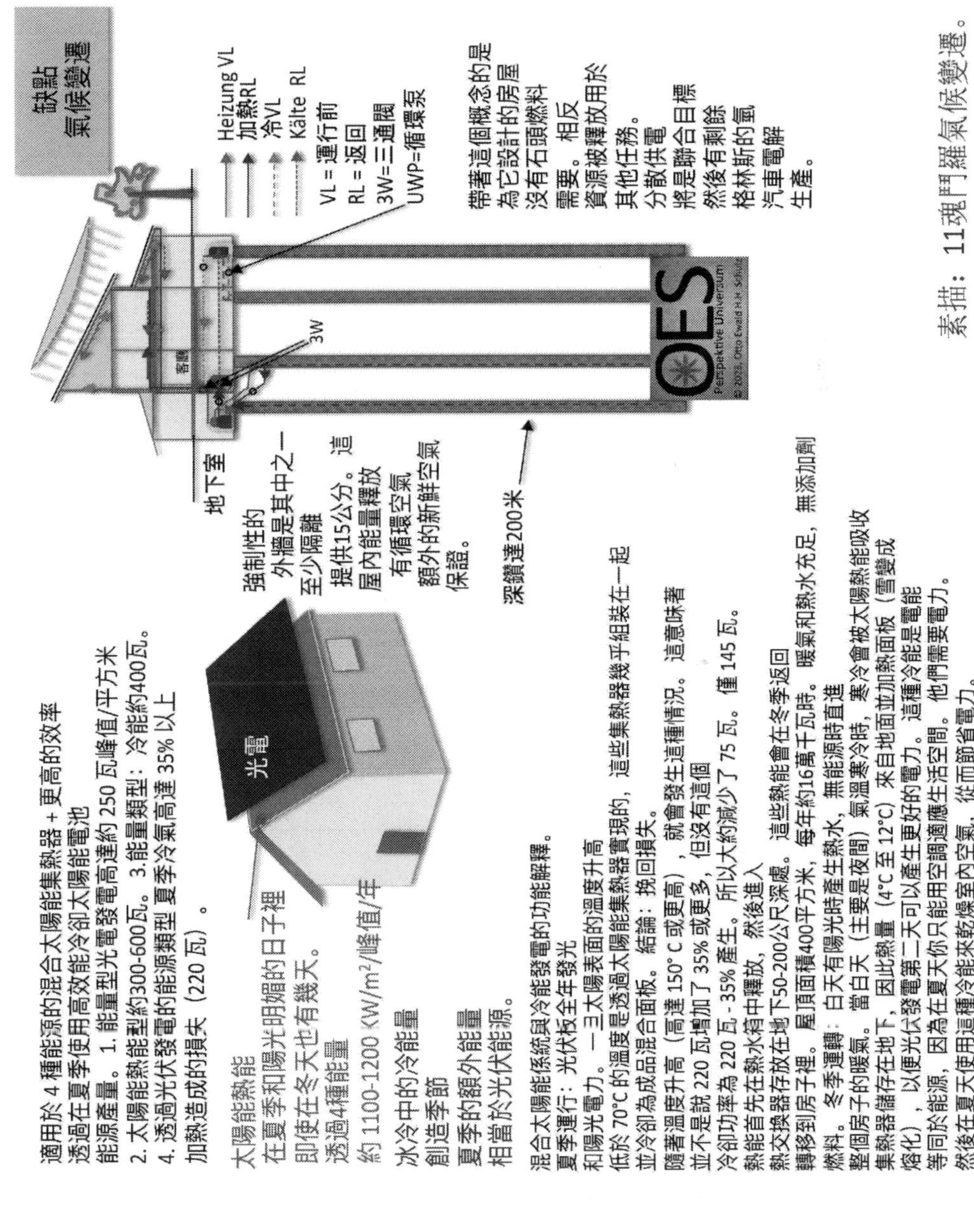

素描：11魂鬥羅氣候變遷。

33.) 我們依賴點滴的能量。

對我們大多數人口的調查顯示哪些需求是優先考慮的。我假設所有受訪者都做得相對較好，並且他們是作為普通公民受到各個問題領域影響的人。

通貨膨脹是重中之重，但這跟能源有什麼關係呢？很久以前，當能源流動很便宜（以我們的標準）時，只有一小部分受訪者認為這是一種負擔。自烏克蘭戰爭以來，這種情況突然發生了變化。恐慌爆發，能源價格飆升，這反映在所有部門，導致必需品更加昂貴，導致高通膨。你的獨立性越高，你就越要無憂無慮地依靠能量，但前提是每個人都明白要走這條路。能源也涉及退休金的提供；必須保證能源，以便國家能夠為未來的退休金繳款提供資金。在這個複雜的系統中只舉了一個例子：如果能源價格持續上漲，企業考慮將生產轉移到國外，那麼就會出現工人和稅收的短缺。如果你不採取對策，就會釀成慘敗，你不得不擔心。當涉及住房時，貓咬自己的尾巴，這意味著：通貨膨脹上升，可用資本減少，貸款變得更加昂貴，因為更高的利率減緩了通貨膨脹。建築材料和工人也會受到通貨膨脹機制的影響，因此能源也是負有責任的債務人。即使現在，這種能量也只是透過民調才顯現出來。為此，我在最後一章寫了一些值得思考的事情。隨之而來的只有移民、人工智慧、流行病等另一個問題。移民中隱藏著巨大的能量，那些前來尋求庇護的人除了生命之外一無所有，國家必須接納他們，為他們提供食物，並透過制定的法律表現出團結。它們就像白蟻一樣，吃掉並刺穿國庫。如果我現在要說一些關於人工智慧的事情，對我來說並不容易，我想將它與汽車的發明進行比較。想像第一輛汽車是如何生產然後逐漸銷售的；汽油只能在藥房買到。今天我們與人工智慧處於同一水平。威廉皇帝只說：這只是暫時現象。

今天你對人工智慧也能這麼說嗎？ 所以我不是威廉皇帝， 也許你是？ 因此， 也有類似的發展， 只是速度更快。 我個人認為人工智慧是對處理和特定使用的徵稅。 因為在某個時刻，量子電腦和人工智慧將與我們的基因建立一個接口， 從而可以激活激素控制。 這意味著每個人都可以永遠保持年輕， 只有在意外中被撕裂時才會死去。 人工智慧將在多大程度上影響供應和安全還有待觀察， 但能源肯定會發揮重要作用。 所以很明顯， 應對氣候變遷的鬥爭應該從現在開始， 而且最好從昨天開始。 我自己已經提供了核融合無法發生的科學論點。讓我們看看何時實施。

我在這裡寫的所有內容都必須經受嚴厲的批評。 同樣， 一切都必須可行、可行， 可行性計劃才能實施。

素描：12 滴能量。

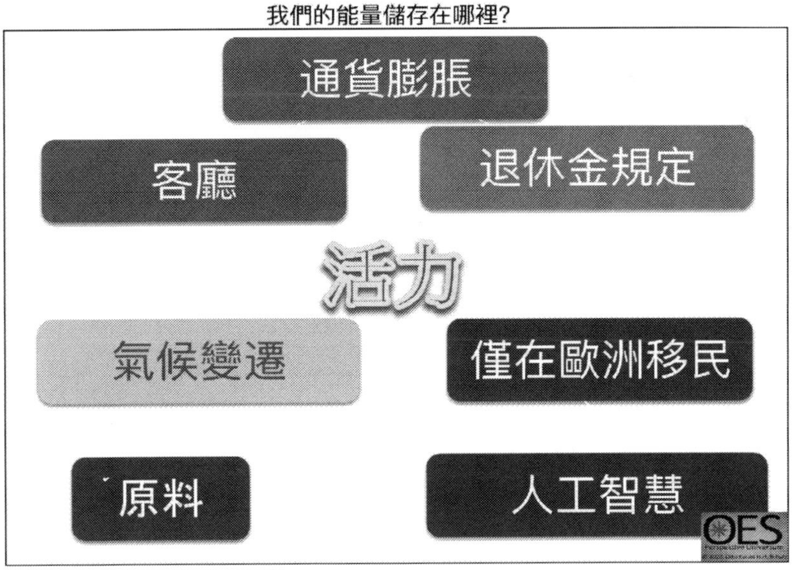

素描：12滴能量。

感謝您的關注，希望您能很好地理解這本書。

從 2014 年左右到今天 2023 年 10 月 12 日對這本書的思考與寫下

Youcanprint

Beendeter Druck in November 2023

Zeitfracht Medien GmbH
Ferdinand-Jühlke-Straße 7
99095 Erfurt, Deutschland
produktsicherheit@kolibri360.de

Druck:
CPI Druckdienstleistungen GmbH
im Auftrag der
Zeitfracht Medien GmbH
Ein Unternehmen der Zeitfracht - Gruppe
Ferdinand-Jühlke-Str. 7
99095 Erfurt